생각을 바꾸는

수학 수다

생각을 바꾸는

수학 수다

청소년을 위한 26가지 수학 이야기

수메이라 규젤 글 | 꼭체 야바쉬 외날 그림 | 김호 옮김

찰리북

차례

이 책을 읽는 독자들에게

이 책은 수학에 관한 내용을 담고 있지만 수학을 가르치는 책이 아니에요. 이 책에는 지루하고 복잡한 설명이 없어요. 어려운 수학 공식을 억지로 외울 필요도 없지요. 이 책에서 우리는 일상생활에 숨어 있는 수학을 발견할 수 있답니다.

이 책은 수학이라고 하면 무조건 싫어서 도망가는 사람과 수학이라고 하면 좋아서 자다가도 벌떡 일어나는 사람 모두 재미있게 볼 수 있어요. 이 책을 읽다 보면 궁금한 것이나 새로운 생각이 마구 떠올라 서로 이야기를 나누고 싶을지도 몰라요. 질문이나 생각이 떠오른다면 공책에 적어 놓거나 그림으로 그려 보세요.

수학은 언제 생겨났을까?

최초로 수학과 손잡았을 때…

옛날 옛날 한 옛날에 아직 세상에 숫자가 생기기도 전 마미가 살았어요. 마미에게는 꼭 이루고 싶은 꿈이 있었어요. 바로 위대한 사냥꾼이 되는 것이지요! 위대한 사냥꾼이 되려면 해가 뜨기 전 이른 아침에 일어나야 해요. 그런데 마미가 눈을 뜨면 해는 늘 하늘 높이 떠 있었어요. 강렬한 햇살이 눈부실수록 마미는 속상했지요. 해가 뜨기 전에 일어나는 방법이 없을까요? 해가 언제 뜨는지 안다면 일찍 일어날 수 있지 않을까요? 그렇다면 어떻게 해 뜨는 시간을 알 수 있을까요?

그러던 어느 날 마미는 한 가지 결심을 했어요. 해가 뜰 때부터 해가 질 때까지의 시간을 계산해 보기로 한 거예요. (그러면 혹시 해 뜨는 시간을 알 수 있을지도 모르니까요.) 마미는 그 시간을 어떻게 잴 수 있을지 며칠 내내 생각했어요. 마미가 살았던 때에는 인터넷도 없고 책도 없었어요. 그래서 마미는 아무런 도움 없이 스스로 생각해서 문제를 해결해야 했지요. 한참 고민한 끝에 드디어 마미는 좋은 해결책을 찾아냈어요.

마미는 나뭇잎 수십 장을 따서 모았어요. 그러고는 나뭇잎들을 끈적끈적한 나무 액으로 붙여서 아주 긴 수로를 만들었지요. 그런 다음 커다란 우물을 팠어요. 나뭇잎으로 만든 수로의 한쪽 끝은 우물에 놓고, 다른 한쪽 끝은 힘차게 흐르는 시냇물에 놓았어요. 이제 일정한 양의 물이 수로를 따라 흘러 우물을 채울 거예요.

마미는 해가 질 때부터 해가 뜰 때까지 우물에 물이 얼마나 차는지 지켜보았어요. 며칠 동안 잠도 자지 않고 지켜보자 물이 얼마만큼 찼을 때 해가 뜨는지 알 수 있었지요. 그런 다음 가벼운 나뭇가지를 끈으로 묶어 우물에 띄웠어요. 그리고 끈의 다른 쪽 끝에는 작은 돌을 묶어 마미의 머리 높이 정도에 매달았지요. 우물에 물이 차오르면 물에 띄운 나뭇가지가 올라오면서 끈의 다른 쪽 끝에 묶인 작은 돌이 마미와 점점 가까워져요. 이렇게 준비해 두면 마미는 우물이 찰 때마다 작은 돌이 머리에 닿아 잠에서 깰 수 있어요.

마미는 이렇게 계산해 둔 덕분에 해가 뜰 때 일어나 사냥을 할 수 있었어요. 하지만 며칠이 지나자 계획대로 되지 않았어요. 해가 생각보다 일찍 나와 사냥감들이 다 도망가 버린 거예요. 마미는 처음으로 돌아가 다시 새로 계산을 하기로 했어요. 일 년 동안 연구하고 계산한 결과, 마미는 해가 뜨는 시간과 해가 지는 시간이 조금씩 변한다는 것을 깨달았어요. 이런 놀라운 발견 덕분에 마침내 마미는 원하는 시간에 일어날 수 있게 되었답니다.

이른 아침에 일어날 수 있게 되자 마미는 이제 본격적으로 사냥을 시작했어요. 마미는 우선 바다로 물고기를 잡으러 갔어요. 나무로 만든 뾰족한 창을 물고기를 향해 수백 번이나 던졌지만 물고기는 한 마리도 잡히지 않았어요. 다음 날도, 그다음 날도, 마미는 물고기를 잡지 못했어요. 꿈에 그리던 사냥꾼이 되었는데 물고기 한 마리도 못 잡다니! 그날도 마미는 빈손으로 나무 속 집으로 돌아와 두 손으로 머리를 감싸며 생각에 잠겼어요.

'도대체 내가 뭘 잘못한 거지?'

그 순간 머릿속에서 아주 좋은 생각이 번뜩 떠올랐어요. 다음 날 아침 마미는 바다로 갔어요. 그러고는 몇 번 창을 던진 끝에 드디어 첫 번째 물고기 사냥에 성공했어요. 그동안 마미는 잘못된 방향으로 창을 던지고 있었던 거예요. 이제 마미는 물고기가 있는 곳을 살핀 다음 다른 각도로 창을 던졌어요. 물고기는 항상 움직이기 때문에, 물고기가 움직일 방향을 예상해 창을 던져야 해요!

이렇게 창의 각도를 바꾸자 물고기를 잡을 수 있었어요. 드디어 마미는 꿈꿔 왔던 위대한 사냥꾼이 되었어요. 원하던 꿈을 이루었

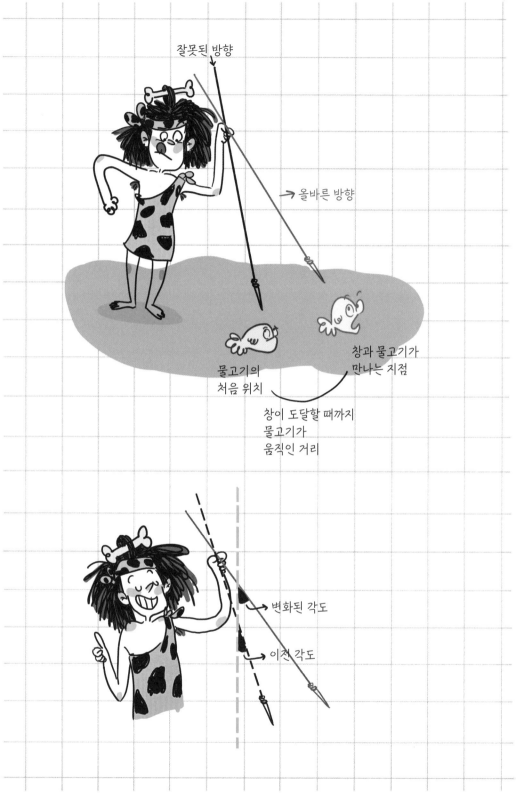

다면 새로운 꿈이 생기지 않을까요? 그래요! 마미는 위대한 사냥꾼이 되는 꿈을 이루자, 이번에는 새로운 일에 도전해 보기로 마음먹었어요. 바로 기록 전문가가 되기로 한 거예요! 위대한 사냥꾼은 사냥만 잘해서 되는 게 아니거든요. 사냥감의 수를 세어야 하고 많이 잡았다는 것도 증명해야 해요.

숲에서 조금 떨어진 곳에 아주 훌륭한 기록 전문가가 살았어요. 마미는 바로 그 사람을 찾아가 기록하는 방법을 배웠어요. 기록하는 것은 생각보다 쉬웠어요. 잡은 사냥감이 한 마리면 선 하나를 긋기만 하면 돼요. 잡은 사냥감이 다섯 마리면 선을 다섯 개 그리면 되고요. 이런 식으로 숫자를 세고 기록하는 거예요.

마미는 기록을 하면서 중요한 사실 하나를 깨달았어요. 바로 기록한 선이 지워지면 안 된다는 거예요. 그래서 마미는 자신의 기록을 돌에 새기기 시작했어요. 이제 마미는 바라던 기록 전문가가 되었어요. 기록하는 법을 가르칠 수 있을 정도로 실력이 뛰어났지요. 얼마 뒤, 마미는 여러 식물들을 섞어서 잘 지워지지 않는 물감을 만들었어요. (천연물감을 만들어 낸 거예요!) 마미는 이 물감을 써서 벽에다 기록을 했어요. 마미는 기록 전문가 일을 아주 좋아했어요. 기록하는 것뿐만 아니라 기록하는 과정에서 깊게 생각할 수 있는 것이 좋았거든요. 기록으로 자신이 이룬 것을 남길 수 있어서 기뻤고요. 또 계산이 완벽하게 맞아떨어지면 기록 전문가로서 뿌듯함을 느꼈답니다.

지금까지 우리는 마미 이야기를 읽어 보았어요. 마미가 그랬듯 많은 사람이 꿈을 꾸고, 그 꿈을 이루고자 노력해 왔어요. 하나하나 따져 보고 고민하면서 자신도 모르는 사이 수학적인 생각을 하기도 했지요. 예전에는 야생에서 살아남기가 굉장히 어려웠기 때문에 계산한 것을 기록해서 자료로 모아 두려고 했어요. 이렇듯 수학은 아주 오래전부터 우리 삶에 꼭 필요한 도구였어요. 사람들은 자연을 정복하기 위해 수학을 이용한 것이 아니고, 자연의 일부로 함께 살아가기 위해 수학을 썼답니다.

"누가 수학을 만든 거야! 정말 짜증 나!"

수학은 매번 이런 소리를 들으며 여기저기서 손가락질을 당해요. 수학이 만약 살아 있는 생명체였더라면 틀림없이 우울증에 걸렸을 거예요. 많은 사람이 수학을 골칫거리로 여기지만, 사실 수학은 항상 우리 곁에 있어요.

우리는 태어나서 지금까지 우리 자신도 모르는 사이에 수학을 사용해 왔어요. 하지만 왜 수학을 배워야 하는지 항상 묻곤 하지요. "왜 수학이 있는 거야? 수학은 대체 무슨 도움을 주지?"라고 투덜거리면서요. 우리는 일상생활에서 수학을 이용해 문제를 해결하기보다는 수학 탓을 하며 문제를 피해 버려요. 그러나 수학은 우리가 맞닥뜨린 문제를 해결할 수 있는 도구예요. 수학을 잘 써먹으면 우리의 삶이 더 편해질 수도 있어요.

우리가 항상 들고 다니는 핸드폰을 예로 들어 볼까요? 핸드폰은 언제 어디서든 다른 사람들과 이야기할 수 있는 편리한 도구예요. 핸드폰 덕분에 우리의 삶이 훨씬 편해졌지요. 사람들은 편리한 삶을 상상하며 꿈꾸던 끝에 핸드폰을 발명해 냈어요. 이 작은 장치 안에는 수많은 부품이 있고, 모든 부품은 적절한 비율로 다른 부품과 연결되어 있어요. 그리고 우리가 생각할 수도 없는 수많은 신호와 코딩으로 작동하지요. 수학을 알지 못하고, 수학을 사용하지 않고 핸드폰을 발명할 수 있었을까요? 핸드폰뿐만이 아니에요. 컴퓨터 또한 엄청난 수학적 계산으로 작동해요. 컴퓨터에 얼마나 복잡한 수학이 숨어 있는지 알면 아마 깜짝 놀랄걸요. 이렇게 복잡한 수학을 써서 컴퓨터를 발명해 내다니 정말 대단한 사람들이에요.

수학은 실제 모습을 가지고 있지는 않아요. 우리 모두 이 사실을 잘 알고 있지요. 우리는 자연을 관찰하고 이해하려는 과정에서 자연스럽게 수학적으로 생각해요. 수학을 이용해 생각한 것들을 실제로 만들어 내기도 하고요. 무언가를 조사할 때에도 수학은 우리에게 여러 가지 방법을 보여 줍니다.

"누가 수학을 만든 거야?"라는 질문에 대한 대답은 간단해요. 우리 모두는 자신의 삶에 책임을 지고 있고 우리 삶에서 필요한 것들을 더욱 쉽게 해결할 수 있는 방법을 찾아요. 우리는 살아가는 모든 과정에서 수학의 문을 두드려요. 조금 전 이야기에서 보았듯, 물고기를 잡는 데도 수학이 존재해요. 물고기를 잡는 데 성공한 최초의 사람(마미)이 그랬듯 지금까지도 우리는 같은 논리와 방식으로 물고기를 잡아요. 옛날 옛적 마미가 스스로 살아남기 위해 수학을 사용한 것처럼 지금 우리도 똑같은 수학적 방식으로 물고기를 잡는 거예요.

오늘날 수학은 우리가 살아가는 데도 필요하지만 우리 삶을 더 정돈하기 위한 규칙을 만들기 위해서도 필요해요. "마미가 살던 시대는 삶이 단순했지만 지금은 모든 것이 너무 복잡해요."라고 말할 수도 있을 거예요. 하지만 그때는 정해진 공식도 없고 우리를 도와주는 기계도 전혀 없었어요. 생각을 하고자 하는 사람들에게 수학은 매우 귀중한 것이었어요. 옛날에도 지금처럼 수학으로 현명한 해결책을 찾고, 질서 정연하고 편리한 생활을 할 수 있었으니까요. 자연은 지금까지 변하지 않았어요.

자연에 존재하는 규칙 또한 변하지 않았지요. 아직도 해가 떠서 지기까지의 시간은 같거든요.

마미는 우물에 찬 물의 양으로 시간을 계산했지만, 마미 시대 이후의 사람들은 촛불이나 그림자로 시간을 쟀어요. 그리고 지금 우리는 시계로 시간을 알지요. 정확하게 말하자면, 마미가 물이 얼마만큼 차는지 계산한 것을 우리가 시간이라고 이름 붙인 거예요. 마미는 사냥한 것들을 기록하며 숫자를 세었고, 우리는 여전히 여러 가지 방법으로 숫자를 세요. 그리고 미래에도 숫자 세기는 영원히 계속되겠지요. 수학을 사용하는 방법과 수학을 적용하는 분야가 달라졌을 뿐, 예전부터 지금까지 수학은 항상 우리 삶과 함께한답니다.

> 우리는 자연을 이해하기 위해 수학을 발명했고, 수학은 우리에게 무엇이든 열 수 있는 열쇠를 가져다주었어요. 이처럼 수학은 우리 삶 곳곳에 녹아 있답니다.

껌, 캐러멜, 막대 사탕

우리 동네 식료품 가게 아저씨는 꽤 유명해요. 아저씨네 가게에서 물건을 사기 위해 다른 동네에서 오는 사람도 있을 정도예요. 이 식료품 가게는 간판도 없지만 멋쟁이 제키 아저씨의 가게라는 것을 모두가 알고 있어요. 제키 아저씨의 가게에는 항상 새로운 물건이 있어요. 얼마 전에는 삼각형 모양의 작은 향수가 새로 들어왔어요.

그런데 나는 요즘 제키 아저씨에게 화가 많이 나 있어요. 아마 우리 동네에 사는 친구들 모두 나랑 같은 마음일걸요. 지난주부터 아저씨네 가게에서 물건을 사면 거스름돈 대신 껌이나 딱딱한 캐러멜, 막대 사탕을 주거든요. 한두 번은 넘어갔지만 계속 거스름돈을 주지 않으니 정말 화가 나요. 나는 거스름돈을 받고 싶다고요! 나는 껌 씹는 것도 싫어하고 타이어같이 딱딱한 캐러멜과 막대 사탕도 싫어요. 설사 내가 이런 것들을 좋아한다 하더라도 거스름돈을 받는 것이 더 좋아요. 아저씨가 어른이라 화를 내지도 못하겠어요. 나는 웬만하면 어른을 공경하고 예의 바르게 대하는데 자꾸 이렇게 거스름돈을 안 준다면 아무리 어른이라도 가만 넘어가지 못할 것 같아요.

　나는 며칠 동안 고민한 끝에 무례하게 굴지 않고 해결할 수 있는 방법을 생각해 냈어요. 우선 아저씨에게 거스름돈 대신 받은 껌과 캐러멜, 막대 사탕을 저금통에 모았어요. 아저씨는 거스름돈이 100원이면 캐러멜을, 200원이면 껌을, 500원이면 막대 사탕을 주었어요. 그 뒤에 나는 식료품 가게에서 살 물건들의 목록을 만들었어요.

　　· 과일 주스 두 병: 5000원

　　· 마시는 요구르트: 2000원

　　· 팝콘: 1000원

　　· 바닐라 맛 아이스바: 1500원

　　· 컵 아이스크림: 3000원

　　· 호박씨 한 봉지: 2500원

　나는 저금통에 모은 것으로 사고 싶은 물건을 사기로 결심했어요. 저금통을 열고 안에 있는 것들을 세어 보았어요. 껌 24개, 딱딱한 캐러멜 7개, 막대 사탕 2개가 있었어요. 나는 저금통을 안고 곧장 제키 아저씨네 식료품 가게로 갔어요. 제키 아저씨는 여느 때처럼 빙글빙글 돌아가는 의자에 앉아 발을 탁자 위에 올려 두고 있었어요. 나는 아저씨한테 바닐라 맛 아이스바 하나와 호박씨 한 봉지를 달라고 했어요. 아저씨는 천천히 자리에서 일어나 투덜거리며 내가 주문한 것들을 담기 시작했지요. 아저씨는 항상 작게 투덜대는 소리를 내곤 했어요. 나는 내가 사려는 물건들의 가격을 계산했어요.

바닐라 맛 아이스바 + 호박씨 한 봉지 = 1500원 + 2500원

1500원에 2500원을 더하면 4000원이네요. 나는 물건 값을 치르기 위해 저금통에서 무엇을 꺼낼지 생각했어요. 4000원을 만들기 위한 방법은 여러 가지가 있어요. 4000원은 껌 20개로 낼 수도 있고, 껌 17개와 캐러멜 6개, 껌 18개와 캐러멜 4개, 껌 15개와 막대 사탕 2개로도 낼 수 있어요. 이 방법 말고 다른 방법도 분명히 있을 거예요. 여러분도 한번 방법을 찾아보세요. 나는 껌 15개, 캐러멜 5개, 막대 사탕 1개로 물건 값을 치르기로 했어요. 껌 15개가 3000원, 캐러멜 5개가 500원, 막대 사탕 1개가 500원이니까

4000원이 되네요.

제키 아저씨가 나에게 물건을 건네주자, 나는 아저씨에게 껌과 캐러멜과 막대 사탕을 내밀었어요. 아저씨는 내가 저금통을 들고 있는 것을 못 보았는지 깜짝 놀란 표정으로 나를 쳐다보았어요. 나는 손에 들고 있던 것들을 계산대에 내려놓았어요. 아저씨의 얼굴이 붉으락푸르락해졌어요. 아마 화가 났다는 신호 같아요.

"요놈아, 이게 뭐냐!"

"껌하고 캐러멜, 막대 사탕이요!"

"돈은? 이것들은 돈이 아니잖아."

아저씨는 엄청 화가 난 것 같았어요.

"이것들을 왜 돈처럼 쓰면 안 돼요? 아저씨는 우리한테 거스름돈 대신 이것들을 주셨잖아요? 저도 아저씨한테 돈 대신 이것들을 드릴게요. 아저씨한테 배운 것처럼요."

나는 가게 문 쪽으로 슬슬 뒷걸음질을 치며 이렇게 말했어요. 아저씨는 화가 아주 많이 난 것 같았지만 아무 말도 하지 못했어요. 나는 말을 끝내자마자 바로 도망쳤어요. 하지만 도망치지 않아도 괜찮았을 거예요.

도둑질을 한 것도 아니고 저금통에 모아 둔 것들로 정당하게 값을 치르고 물건을 샀으니까요. 며칠이 지났어요. 나는 그동안 제키 아저씨네 가게에 갈 엄두도 내지 못했어요. 동네 친구들 말에 따르면 이제 아저씨는 거스름돈 대신 다른 것들을 주지 않는다고 해요. 거스름돈을 안 주려는 아저씨에게 이보다 더 좋은 방법이 있었을까요? 나는 내가 옳았다고 생각해요.

자기 이익을 챙기려고 약삭빠르게 셈을 하는 사람이 있어요, 그렇다면 우리는 수학으로 현명하게 위기를 극복해 보아요,

대중교통과 알고리즘

후사메틴은 언제나 그렇듯 수학 시험공부를 하지 않았어요. 시험공부를 하는 것은 시간 낭비라고 생각했거든요. 공부를 하는 것보다 반에서 가장 똑똑한 친구 옆에 앉는 것이 더 나으니까요. 후사메틴은 자기 스스로를 베끼기 전문가라고 생각했어요. 이번에도 후사메틴은 수학을 가장 잘하는 반 친구 에제 옆에 앉아 에제 시험지에 있는 답을 모두 다 베꼈어요. 며칠 후, 시험 결과가 나오는 날이었어요. 모두가 시험 결과를 듣기 위해 수업 시간보다 훨씬 조용하게 앉아 기다렸어요.

선생님이 말했어요.

"에제, 97점. 잘했다! 후사메틴, 23점. 이놈아, 시험지가 이게 뭐니? 순서가 완전히 뒤죽박죽이구나. 만약 수학이 살아 있는 사람이라면 '이런 풀이는 난생처음 보는걸.' 이렇게 말했을 거다!"

교실이 웃음바다가 되었어요.

후사메틴은 "이게 어떻게 된 거지?"라고 중얼거리며 놀라서 선생님을 쳐다보았어요. 후사메틴은 이런 결과를 전혀 예상하지 못한 것 같았어요. 볼이 빨개진 걸 보니 조금은 창피한가 봐요.

'난 분명 에제의 시험지에 있는 것을 다 베꼈는데……'

후사메틴은 이런 점수가 나올 리 없다는 표정이었어요. 에제의 시험지에서 본 것을 자신의 시험지에 모두 베꼈으니까요. 어때요? 베끼기는 그대로 잘 베꼈네요. 어디 한번 에제와 후사메틴의 시험지를 살펴볼까요?

에제의 시험지	
5x+20=8x-25에서 x는 얼마일까요?	
20+25=8x-5x	
45=3x	
45÷3=x	
15=x	

후사메틴의 시험지	
5x+20=8x-25에서 x는 얼마일까요?	
45÷3=x	
20+25=5x-8x	
15=x	
3x=45	

다만 올바른 순서로 베끼지 못했어요. 정답에 이르는 수학적 알고리즘이 잘못된 거예요. 어떤 수학 선생님이라도 후사메틴이 풀

이한 순서를 보면 베꼈다는 것을 바로 알아챌걸요.

    우리는 보통 수학 문제를 풀 때 순서에 따라 풀이해요. 순서대로 수학 연산을 하는 것은 알고리즘 사고와 관련이 있어요. 알고리즘 사고란 문제를 해결하기 위해 절차와 방법을 단계적으로 밟아 생각하는 거예요. 수학 문제를 풀려면 순서에 따라 단계적으로 생각해야 해요.

    우리는 평소에 자신이 알고리즘 사고를 하고 있다고는 생각하지 않을 거예요. 하지만 우리 모두는 다 알고리즘 사고를 하고 있어요. 지금도 잘하고 있고, 앞으로도 계속 잘할 거예요. 우리가 얼마나 알고리즘 사고를 잘하는지 증명해 볼게요. 우리 모두 대중교통을 이용해 본 적 있지요? 자가용을 주로 탄다고 해도 한 번쯤은 대중교통을 이용해 봤을 거예요. 그렇다면 우리에게는 이미 놀라운 알고리즘 사고 능력이 있다는 뜻이에요.

    대중교통을 이용하는 것만으로도 알고리즘 사고를 한다니 놀랍지요?

    아래 있는 그림을 보면 한 학생이 버스 정류장에서 B5번 버스를 기다리고 있어요. 학생은 버스를 기다리는 몇 초 동안에도 많은 생각을 하며 알고리즘 사고를 하고 있어요. 이 학생의 머릿속에 스쳐 간 생각들을 한번 살펴볼까요?

사실 모든 것은 이 학생이 그랬던 것처럼 우리 자신에게 던지는 질문에서 시작돼요. 하지만 대부분 우리는 이러한 상황을 알아채지 못하지요. 아무리 간단한 질문이라도 머릿속에서는 몇 초 만에 꼬리에 꼬리를 물고 단계적으로 이어진답니다.

버스를 기다리는 학생은 1, 2초라는 짧은 시간 동안 머릿속에서 아주 많은 생각을 했어요. 이 생각들은 우리에게도 익숙한

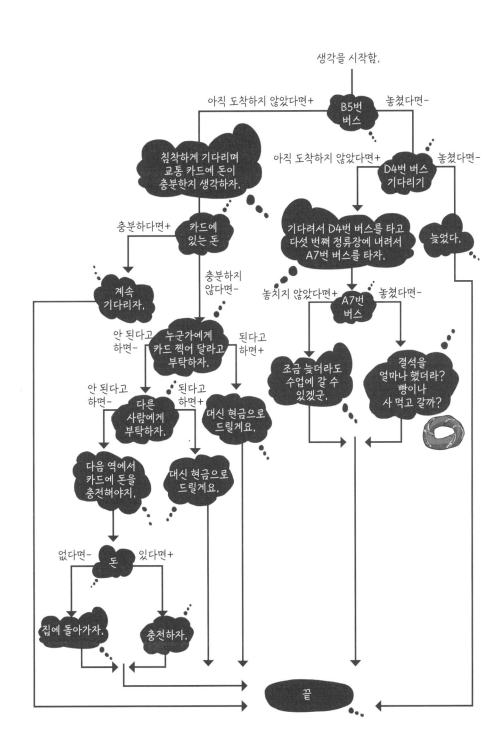

생각들일 거예요. 마치 우리의 머릿속을 들여다본 것 같지 않나요? 이렇게 우리는 일상생활에서도 알고리즘 사고를 잘하고 있어요. 그러니 수학 시간에도 못할 이유가 없어요!

앞서 한 이야기 속 후사메틴처럼 공부하는 것이 시간 낭비라고 생각하는 친구들에게 한마디 할게요. 알고리즘과 수학은 친구처럼 매우 가까워요. 수학을 잘하려면 알고리즘 사고 능력이 필요하듯이, 우리가 순차적으로 생각하는 과정에서도 수학은 꼭 필요해요. 실제로 우리는 생각할 때 우리도 모르는 사이 수학을 사용하고 있고요. 우리 모두는 이미 수학을 할 수 있는 능력이 있는 거예요!

버스를 기다리면서도 알고리즘 사고를 하는데, 이런 우리가 수학을 잘하지 못할 이유가 있을까요? 단순히 대중교통을 이용할 때뿐만이 아니에요. 스스로 한번 생각해 보세요. 매일매일 앞에서 말한 방식으로 알고리즘 사고를 하고 있지 않나요? 이미 우리는 한 학기 내내 점수 알고리즘과 씨름하고 있잖아요.

'이 과목에서 형편없는 점수를 받으면 어떡하지? 선생님한테 말씀드려 볼까? 아니 하지 말까? 이번에 평균 85점이 넘으면 아빠가 새 핸드폰을 사 준다고 했는데……. 점수가 안 나오면 핸드폰도 못 받고, 핸드폰이 없으면……. 공부하는 게 좋겠지? 아, 공부하기 싫은데……. 상상의 나래나 펼쳐 볼까? 조금만 생각하고 공부해야지. 그런데 공부를 안 하면 어떻게 될까? 그것도 차례차례 생각해 봐야겠다.'

직장인도 마찬가지로 알고리즘 사고를 해요. 다음과 같이 말이에요.

'아, 사장님께 휴가를 이날 쓴다고 할까? 휴가만 쓸 수 있다면 머리 좀 식히면서 정말 좋은 시간을 보낼 수 있을 텐데. 그날 안 된다고 하면 다른 날 휴가를 써야겠다. 업무가 많지 않은 날이 언제지? 이날로 할까? 이날도 휴가 못 쓰게 하면 회사를 관둬야겠어. 이 직장을 관두면 새로운 직장을 찾을 수 있을까? 못 찾으면 어떡하지? 아무튼 지금은 일이나 하자.'

꼭 모두 우리의 모습 같지요? 우리의 삶이 이렇게 알고리즘대로 돌아간다는 것이 놀랍지 않나요? 우리가 이렇게 체계적이고 질서 정연하게 살고 있다고는 상상하지 못했을 거예요. 하지만 이것이 우리의 모습이랍니다!

"내 머릿속은 뒤죽박죽 엉망진창이야. 어려운 수학 문제처럼 도무지 이해할 수가 없어. 아무리 좋은 방법을 찾으려고 해도 결국에는 벽에 부딪힌다고!"

　이렇게 외치는 사람도 있을 거예요. 그렇다면 여러분이 직접 새로운 길을 만들어 보는 것은 어떨까요?

알고리즘은 수학의 가장 친한 친구예요. 알고리즘은 우리가 어떤 문제에 부딪쳤을 때 어떻게 해결해야 하는지 그림 그리는 것처럼 알려 줘요.

피타고라스의
위대한 발견

이곳은 그리스 사모스섬이에요. 창문 너머로 푸른 바다가 펼쳐져 있고 신선한 바람이 불어 들어와요. 이곳에서는 어디를 보든 아름다운 풍경이 펼쳐져요. 우리가 만약 이곳에 산다면 아름다운 풍경을 보면서 차 한잔을 하거나 풍경에 취해 글도 쓰고 시도 쓸 거예요. 음, 평범한 사람이라면 그렇게 하겠지요. 하지만 수학자 피타고라스는 조금 달랐어요.

기원전 500년경, 핸드폰도 텔레비전도 컴퓨터도 없는 조용한 시대였어요! 이 시대에 피타고라스는 무엇을 했을까요? 피타고라스는 아름다운 바다가 보이는 책상 앞에 앉아 밤낮으로 풀로 만든 종이인 파피루스만 들여다보았어요. 밤늦게까지 수학 계산만 했지요. 피타고라스는 정말 대단한 수학자이지만, 어떻게 하루 종일 수학만 할 수 있었을까요? 정신이 좀 이상한 것 아닐까요? 하지만 피타고라스는 사랑에 빠져 있었어요. 사랑을 위해 계산을 하고 있던 거였죠.

어느 날, 피타고라스는 창밖을 내다보았어요. 창밖을 본 순간 무엇을 보았을까요? 아름다운 소녀 히포테뉴세를 본 거예요. 네 맞아요, 잘못 들은 게 아니에요. 소녀의 이름은 히포테뉴세였어요. 피타고라스는 히포테뉴세를 처음 본 순간 사랑에 빠졌어요. 휘몰아치는 폭풍처럼 엄청난 사랑이었죠! 피타고라스는 한순간도 히포테뉴세를 머릿속에서 지울 수가 없었어요. 히포테뉴세의 아름다운 얼굴은 수학 공식으로 가득 찬 그의 마음을 뒤흔들었어요. 피타고라스는 그녀에게 자신의 사랑을 전하고 싶었어요. 히포테뉴세에게 편지를 써야겠어. 그런데 어떻게 전해 주지. 며칠 밤낮을 아무 말도 하지 않고 고민한 끝에 마침내 피타고라스는 자신의 사랑을 전할 방법을 찾았어요.

'히포테뉴세의 집에 밧줄을 걸어 편지를 보내면 아무도 이상하게 생각하지 않을 거야.'

피타고라스가 사는 동네에서는 빨래를 걸기 위해 집과 집 사이에 밧줄을 걸어 놓았어요. 히포테뉴세의 집은 피타고라스의 집 건너편 왼쪽에 있었거든요.

그래서 계획을 세우기 시작했어요. 우선 필요한 밧줄을 준비하려고 했죠. 하지만 얼마나 긴 밧줄이 있어야 히포테뉴세의 집에 닿을 수 있는지 쉽게 알 수가 없었어요.

수학자 피타고라스는 밧줄의 길이를 알아내기 위해 수학적인 방법을 써 보기로 했어요. 피타고라스는 먼저 작게 약도를 그렸어요. 이제 길의 너비와 피타고라스의 집과 히포테뉴세의 집 사이의 거리 (직각 거리)를 알아야 했어요. 피타고라스는 길의 너비가 4미터라는 것을 알고 있었어요. 그러고는 곧바로 집 사이의 거리도 쟀지요(왜 대각선 길이를 재지 않았을까요? 대각선으로 집을 이으려면 바다를 지나야 했거든요. 바다에 들어가서 길이를 잴 수는 없잖아요).

피타고라스는 길이를 잰 후 집에 돌아와 약도에 길이를 적어 넣었어요. 그러고는 몇 번이나 계산한 끝에 밧줄의 길이를 알아냈어요. 그리고 더 놀라운 사실을 발견했어요.

약도에 그려진 직각 삼각형에서, 밑변의 제곱과 높이의 제곱을 더한 값이 대각선 길이의 제곱과 같다는 것을 발견한 거예요. 피타고라스가 발견한 이 공식은 히포테뉴세를 향한 사랑만큼이나 그를 흥

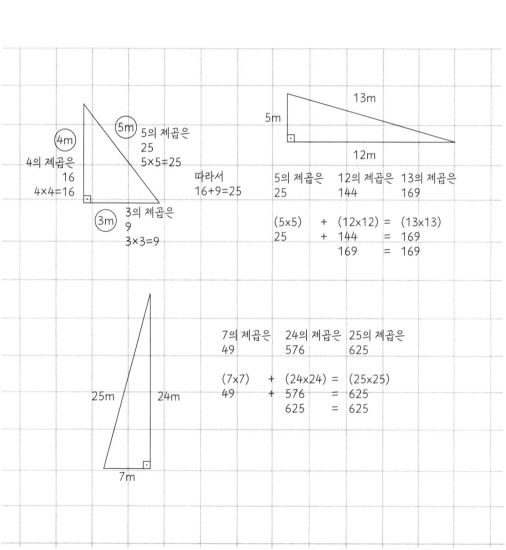

분시켰어요. 피타고라스는 이 공식을 발견한 후, 조건이 같은 상황에서 이 공식을 모두 적용할 수 있는지 수십 번씩 시험해 보았어요.

결과는 훌륭했어요. 피타고라스는 모든 상황에서 같은 결과를 얻을 수 있었어요. 피타고라스는 지체하지 않고 히포테뉴세에게 사랑을 전했어요. 히포테뉴세에게 편지를 써서 빨랫줄에 널린 셔츠 주머니에 넣어 둔 거예요. 얼마 후, 피타고라스가 보낸 편지에 답장이 도착했어요. 히포테뉴세의 답장을 받고 피타고라스는 두 배나 행복해졌어요. 그를 세계적으로 유명하게 만들어 줄 수학 공식을 찾은 데다 인생의 사랑까지 만났기 때문이에요. 피타고라스는 직각 삼각형의 대각선 길이에 히포테뉴세라는 이름을 붙였어요. 터키어 히포테뉴세는 우리말로 빗변이라는 뜻이에요. 네, 바로 수학 시간에 배우는 직각 삼각형에서 직각 반대편에 있는 변 말이에요.

얼마 지나지 않아 두 사람은 결혼을 했고 평생 행복하게 살았어요. 피타고라스가 발견한 공식은 '피타고라스의 정리'라는 이름으로 세상에 알려졌고, 피타고라스는 전 세계에서 가장 유명한 수학자가 되었답니다.

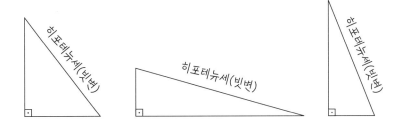

나는 수학자 피타고라스를 좋아해요. 특히 공원을 산책하거나 길을 건널 때면 항상 피타고라스와 히포테뉴세가 떠올라요. 왜냐하면 우리는 길을 건널 때 빗변을 이용하기 때문이에요. 우리는 먼저 직진해 건너편으로 간 다음, 다시 직각으로 꺾어 목적지까지 움직이지 않아요. 대각선으로 질러가면 원하는 곳에 더 빠르게 도착할 수 있으니까요.

하지만 나는 서둘러 가야 할 때에만 대각선으로 질러가요. 아름다운 잔디와 꽃, 나무가 있는 공원에서는 이런 식으로 움직이지 않지요. 공원에서 누군가가 빨리 가기 위해 잔디를 짓밟고 지나간 길을 본 적 있을 거예요. 누군가 빗변을 지름길로 이용한 거예요!

지름길로 가기 위해 빗변을 이용하려는 친구들에게 한마디 할게요. 학교에서 피타고라스의 정리를 배웠겠지요? 아직 배우지 않았더라도 들어는 봤을 거예요. 그런데 왜 이 공식 얘기만 나오면 귀신이라도 본 것처럼 도망쳤나요? 빗변은 항상 우리 곁에 가까이 있는데 말이에요.

하지만 지금도 늦지 않았어요. 빗변에 대해 좀 더 알게 되었으니 지금이라도 직각 삼각형 문제를 다시 풀어 보세요. 빗변을 이용해 아름다운 꽃과 풀을 짓밟고 지나가지 말고요. 조금 돌더라도 아름다운 풍경을 보면서 천천히 가기로 해요.

공원에 생긴 지름길

물론 이렇게 얘기하는 사람도 있을 거예요.

"빗변을 꼭 알아야 해요? 우리 생활에 빗변이 왜 필요한데요?"

그렇다면 이렇게 물어볼게요. 여러분 중에 한 번도 지름길로

가 보지 않은 사람도 있나요? 누구나 한 번은 지름길을 이용해 보았을 거예요. 둘러 가는 것보다 곧장 질러가는 것이 훨씬 더 빠르니까요. 그 지름길의 이름이 바로 '빗변'이에요!

피타고라스는 사랑 덕분에 세상에 길이 남을 위대한 공식을 발견해 냈어요! 이 공식이 바로 그 유명한 피타고라스의 정리랍니다. 우리는 피타고라스 덕분에 이 공식을 생활 속에서 잘 써먹고 있어요. 빗변은 어디에나 있으니까요.

좋은 일은 두 배로, 네 배로, 제곱으로

　나는 오늘 무척 기분이 좋아요. 기대감으로 가슴이 두근두근 콩닥콩닥 뛰고 있어요. 무슨 일이 생길지도 모르는데 이렇게 기대가 될 수도 있을까요?

　어젯밤 엄마의 핸드폰이 울렸을 때였어요. 엄마가 전화 통화를 하면서 나를 보고 웃으시길래 내 얘기를 하나 보다 생각했어요. 나는 무슨 일인지 너무 궁금했어요. 내가 아는 것이라곤 우리가 어디를 간다는 것과 그곳에서 나를 깜짝 놀라게 할 뭔가가 기다리고 있다는 것이었어요. 엄마는 내가 "우리 어디 가요, 엄마?" 하고 물으면 늘 "기다려 봐!"라고 말씀하세요. 이번에는 대답해 주시지 않을까 생각했지만 안타깝게도 엄마는 아무 말도 하지 않았어요. 뭐, 할 수 없지요. 내일까지 기다려 보는 수밖에요.

가끔은 잠을 자기 싫을 때가 있어요. 또 가끔은 정말 자고 싶은데 잠이 하나도 오지 않는 때도 있고요. 오늘 나는 자려고 침대에 누웠는데 잠이 오지 않았어요. 아마도 내일 무슨 일이 있을지 너무나 궁금해 잠이 오지 않는 것 같아요. 나는 내일 무슨 일이 기다리고 있을지 상상해 보기로 했어요. 가장 먼저 떠오른 것은 신나는 놀이동산이었어요. 그다음에는 맛있는 빵과 아이스크림이 가득한 빵집이 떠올랐지요. 나는 이런저런 상상 속을 즐겁게 헤매다 잠이 들었어요.

눈을 떴을 때는 이미 아침이었어요. 우리는 아침을 먹고 바로 출발했어요. 엄마와 아빠는 나보다 더 신이 난 것처럼 보였어요. 우리는 차를 타고 도시를 벗어나 나무가 우거진 곳으로 계속 달렸어요. 다행히도 오래가지 않아 사람들로 가득 찬 넓은 곳에 도착했어요. 이곳은 엄마와 아빠, 아이들로 북적거렸어요. 이렇게만 봐서는 여기가 어디인지 전혀 알 수가 없었어요. 우리는 차에서 내려 사람들을 따라갔어요. 나는 주변을 살펴보았어요. 나무 묘목들이 많았어요. 우리는 나무를 심기 위해 이곳에 온 거예요! 정확히 말하자면 초대를 받은 거지요.

이 행사는 한 항공사가 벌인 캠페인이었어요. 아이들을 초대해 나무를 한 그루씩 심는 행사지요. 나는 내 이름과 같은 이름의 소나무 묘목을 받았어요. 이 나무는 내 나무가 될 거예요!

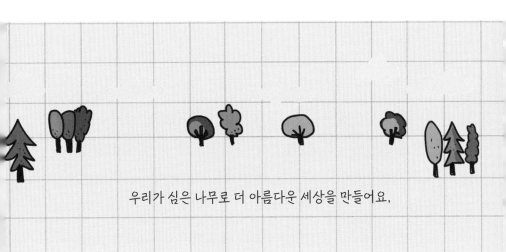

우리가 심은 나무로 더 아름다운 세상을 만들어요.

　나는 조금 더 나이가 들었을 때, 이 나무 심기 캠페인이 인생 최고로 멋진 일이라는 것을 깨달았어요. 이 세상과 이 세상에 사는 사람들에게 아름다운 선물을 남길 수 있으니까요. 이 캠페인은 나무를 심는 것으로 끝나지 않아요. 가장 친한 친구 두 명을 나무 심기 캠페인에 다시 초대할 수 있거든요. 초대장에는 "우리가 심은 나무로 더 아름다운 세상을 만들어요."라고 적혀 있었어요.

　나는 엄마 아빠와 함께 태어나서 처음으로 나무를 심었어요. 그리고 한 달에 한 번은 나무에 물을 주러 오기로 약속했지요. 집에 오는 길에 초대장에 적힌 말이 생각났어요. 우리가 나무를 심으면 세상이 더 좋아질 것이라는 말이요. 나는 세상을 더 좋게 만들 수 있어서 매우 기뻤어요.

많은 기관들과 단체들이 수시로 나무 심기 캠페인을 벌여요. 이런 의미 있고 좋은 일을 여러분도 함께하면 좋겠어요. 나무를 심는 일은 그 자체로 대단한 일이니까요. 하지만 지금은 한 어린이가 두 친구에게 줄 초대장에 대해 생각해 봐요. "이게 수학이랑 무슨 상관이 있지?"라고 말하는 친구들이 분명히 있을 거예요. 그럼 이제부터 이 나무 심기 캠페인이 왜 특별한지 설명해 볼게요.

이 캠페인을 일 년 동안 한다면 이 세상 어디에든 나무가 있을 거예요. 언뜻 생각하면 "하나가 두 개로 늘어나는 거잖아! 뭐가 특별하다는 거야?" 하고 그냥 넘어갈 수도 있어요. 하지만 이 나무 심기 캠페인이 미칠 영향은 상상할 수도 없이 크답니다.

이건 수학으로 설명할 수 있어요. 좋은 일의 가치를 수학으로 설명할 수 있다니 아름답지 않나요? 생각해 봐요. 나무를 심은 어린이가 다른 두 친구를 나무 심기에 초대하면 나무의 수는 매번 두 배로 늘어나요.

얼마나 많은 나무를
심을 수 있는지
수학으로 설명할 수 있어요.

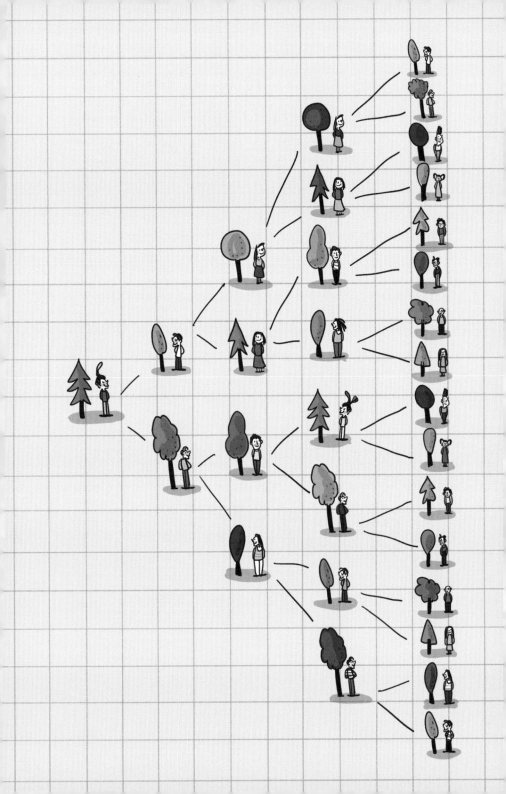

그림을 보면 나무 한 그루가 두 그루가 되고, 다시 네 그루, 여덟 그루, 열여섯 그루…… 이런 식으로 엄청나게 수가 늘어나요. 1, 2, 4, 8, 16, 32, 64, 128, 256, 512, 1024……. 금방 수천 그루가 넘을 거예요.

한 가지 알아 둘 것이 있어요. 이것은 한 사람이 나무를 심을 때의 이야기예요. 한 사람이 가지를 쳐서 나무 수천 그루를 심을 수 있는데, 수십 명이 동시에 나무를 심는다고 생각해 보세요. 순식간에 엄청난 수의 나무가 생길 거예요! 이렇게 우리가 심은 나무 한 그루가 맑은 공기로 가득한 푸른 세상을 만들 수 있어요. 이것이 바로 아이들이 만드는 아름다운 미래랍니다.

좋은 뜻은 두 배로 네 배로 퍼트려 보세요.
우리가 세상을 아름답고 행복하게 만들 수 있답니다.

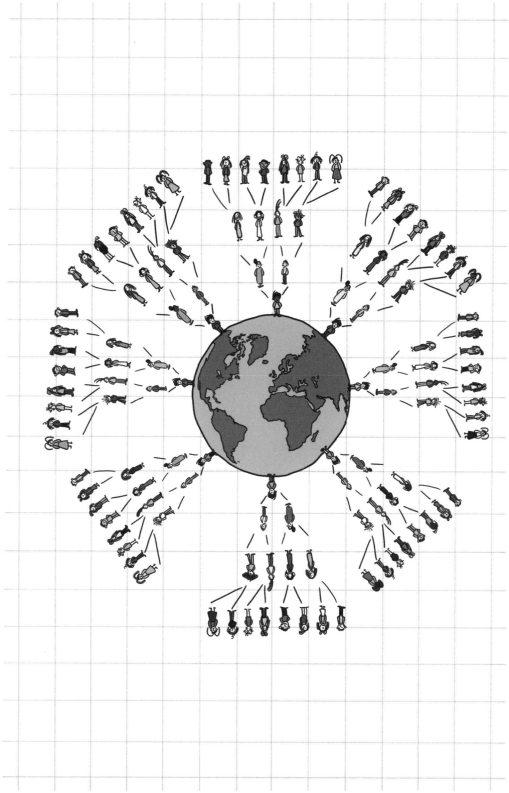

6개의 점으로 만든 빛

내 이름은 루이 브라이에요. 내게 일어난 일을 들려줄게요. 어느 날, 나에게 아침이 찾아오지 않았어요. 해가 뜨지도 않았고 따가운 햇살도 느껴지지 않았어요. 그날 내가 맞이한 하루는 귀를 긁는 듯한 소리로 시작했어요. 그런 날은 계속 이어졌어요.

나는 3년 전에 왼쪽 눈을 잃어버렸어요. 얼마 전에 오른쪽 눈에도 작별을 고했지요. 나는 평생 어둠 속에서 살 준비가 전혀 되지 않았어요. 울었지만 눈물이 나지 않았어요. 내 마음속에 있는 촛불은 꺼지고 온통 깜깜해졌어요. 이제 내 삶에는 빛은 사라지고 소리만 남았어요. 내가 기억하고 있는 이미지는 소리로만 들을 수 있어요. 내 머릿속 깊숙이 갇혀 있는 삶의 실제 모습이 너무나 그리워요.

미친 듯이 그리운 것 중 하나는 책이에요. 이제 나는 내가 즐겁게 읽었던 책을 다시는 읽을 수가 없어요. 글을 읽지 못하는 것이 어떤 기분인지 아나요? 단어와 문장이 만들어 내는 천 가지도 넘는 의미 속에 빠져들지 못한다니……. 이 기분은 정말 말로 설명할 수 없어요.

하지만 나를 집어삼키던 어둠은 내가 열 살이 되던 해부터 점점 밝아졌어요. 눈이 다시 보이게 된 것은 아니에요. 하지만 삶이 달라졌어요. 파리에 있는 국립 시각 장애인 학교에 입학했거든요.

더 무엇을 바라겠어요? 여기에는 내가 몇 년 동안 그토록 읽고 싶었던 책들이 있었어요. 시각 장애인들이 손가락으로 더듬어 읽을 수 있도록 글자들을 하나하나 점으로 크게 새긴 점자책들이었지요. 나는 곧 점자를 읽는 법을 배웠어요. 하지만 또 다른 문제가 생겼어요. 점자책들은 아주 비쌌거든요. 돈이 충분치 않았던 나는 마음껏 책을 사서 읽을 수가 없었어요. 그래서 읽은 책을 몇 번이고 다시 읽었어요. 때로는 한 페이지를 50번이나 60번씩 읽고 가끔은 100번씩 읽기도 했지요. 손가락으로 차가운 책장을 넘길 때면 항상 신이 났어요. 책을 읽지 않으면 숨을 쉴 수 없을 것 같았어요. 책을 읽으면 어둠으로 가득한 내 안에 빛이 들어왔어요.

어느 날, 학교에 어떤 소문이 돌았어요. 군대에서 어두운 곳에서 의사소통을 하기 위해 새로운 점자 시스템을 개발했다는 소문이었어요. 하지만 이 점자 시스템은 너무 배우기가 어려워서 승인이 나지 않았다고 했어요. 나는 이 시스템이 무척 궁금했어요.

　나는 항상 읽기도 쉽고 무겁지도 않은 점자책이 있었으면 좋겠다고 생각했어요. 나는 더 좋은 점자 시스템이 없을까 곰곰이 생각해 보았어요. 몇 년 동안 나는 이 고민을 멈추지 않았어요. 매일매일 어둠 속에서 생각하고 또 생각했지요. 그러다 열다섯 살이 된 어느 날, 점 몇 개로 서로 다른 기호를 만들 수 있지 않을까 하는 생각이 들었어요. 예전부터 생각해 왔던 문제에 답을 찾을 수 있을 것 같았어요. 나는 작은 변화를 주어 여러 가지 기호를 만들어 보기로 했어요. 잠도 자지 않고 이것저것 시험해 보며 기호를 만들기 위해 매달렸지요.

　수천 번 생각한 끝에 마침내 나는 점 6개로 아주 많은 기호를 만들 수 있다는 것을 발견했어요. 단 6개의 점이면 64개의 서로 다른 기호를 만들 수 있었어요. 게다가 내가 알고 있는 알파벳 문자뿐만 아니라 여러 다른 문자에도 적용할 수 있었고요. 6개의 점으로 만들 수 있는 다양한 기호가 전 세계의 보지 못하는 눈들에게 빛을 던져 줄 수 있을 것 같았어요.

　내 눈이 빛을 잃던 날, 나는 빛을 볼 수 있다는 것이 얼마나 소중한 일인지 깨달았어요. 몇 년 후에는 더 많은 것을 깨달았지요. 눈만으로는 모든 것을 볼 수 없다는 사실을요. 나는 새로운 기호로 이 세상 모든 것을 읽을 수 있게 되었어요. 내가 읽는 모든 문장은 내 마음속 세상에서 새로운 색깔을 입고 다시 태어나요.

나, 루이 브라이는 점 6개 덕분에 다시 태어난 거와 같지요. 결국 나는 작은 점 6개를 수학적으로 조합해 기호를 만들었어요. 수학 덕분에 어두운 내 세상은 영원히 밝은 빛이 가득한 세상이 되었지요. 나뿐만이 아니에요. 나처럼 어둠 속에 사는 사람들이 밝은 빛을 느끼며 더 행복하게 살았으면 좋겠어요.

루이 브라이는 6개의 점으로 점자 알파벳을 만들어 시각 장애인을 위한 점자 체계를 처음으로 완성한 사람이에요. 루이 브라이는 보지 못하는 눈들에게 빛을 주었고, 어둠 속에서도 수학이 가장 친한 친구라는 것을 보여 주었어요. 우리는 이런 그에게 어떤 말로 감사의 마음을 표현해도 부족할 거예요. 루이 덕분에 많은 사람들이 새로운 세상에서 살게 되었으니까요.

사물을 보기 위해서 눈이 꼭 필요할까요? 루이 브라이는 눈이 보이지 않았지만 누구보다도 논리적인 해결책을 찾아냈어요. 간단한 수학을 이용해서요. 세상에는 루이처럼 생각하고 또 생각해 자신과 같은 처지에 있는 많은 사람들의 문제를 해결해 주는 사람이 제법 많답니다.

이제 루이 브라이가 발명한 점 6개로 이뤄진 점자를 살펴봐요. 어떻게 6개의 점만으로 64개의 기호를 만들 수 있을까요?

한번 생각해 봐요. 책 뒤편에 스스로 만들어 볼 수 있는 빈 점자판도 있으니 도전해 보세요.

이제부터는 점 6개를 하나하나 생각해 보며 기호를 만들어 봐요. 우선, 6개 점이 모두 비어 있는 경우예요. 점 6개가 모두 비어 있을 때 첫 번째 기호를 만들 수 있어요.

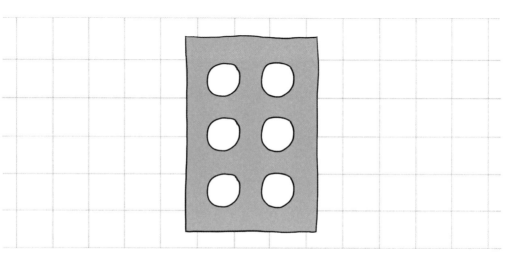

이제 점 하나를 골라 봐요. 물론 6개의 점 중에 하나지요. 6개 점에서 점 하나를 고른다면 6개의 기호가 생겨요. 매번 다른 점을 고르는 것으로 6개의 기호를 만들 수 있지요. 다음 그림에 몇 가지 예가 있어요. 그림에서처럼 점의 위치를 바꾸면 기호가 달라져요.

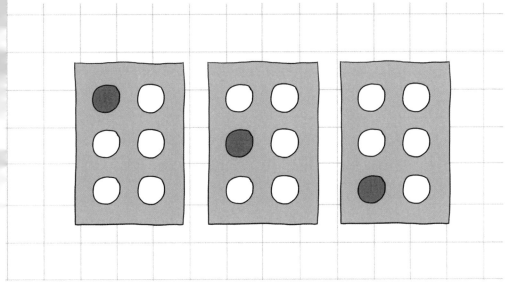

6개의 점 중 2개의 점을 고른다면 어떨까요? 6개의 점 중에 여러분이 원하는 점 2개를 골라 보세요. 이런 식으로 몇 개의 기호를 만들 수 있을까요? 6개 점에서 2개를 골라 만들 수 있는 기호의 개수는 간단한 계산으로 찾을 수 있어요. 아니면 하나하나 그려 보며 찾을 수도 있고요. 점 2개를 고르는 것으로는 기호 15개를 만들 수 있어요. 아래 그림에서 점 2개로 만든 기호

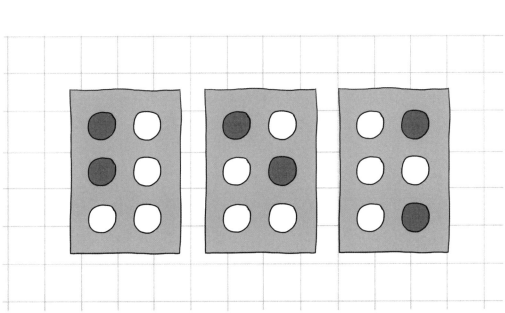

의 예를 볼 수 있어요.

6개의 점 중에서 점 3개를 선택해 몇 개의 기호를 만들 수 있을까요? 한번 계산해 보세요. 그럼 20개의 기호가 만들어진다는 것을 알 수 있을 거예요. 옆 페이지에 예시가 있으니 나머지 기호도 한번 생각해 보세요. ━ ━ ━ ━ ━ ━ ━ ━ →

마찬가지로, 6개의 점에서 점 4개로 만들 수 있는 기호의 수는 15개예요. 옆 페이지의 예시를 보고 점 4개로 만들 수 있는 기호를 모두 생각해 보세요. ━ ━ ━ ━ ━ ━ ━ ━ →

5개의 점으로는 6가지 기호를 만들 수 있어요. 점 5개로 만들 수 있는 기호들의 예는 다음과 같아요. ━ ━ ━ ━ ━ ━ ━ ━ →

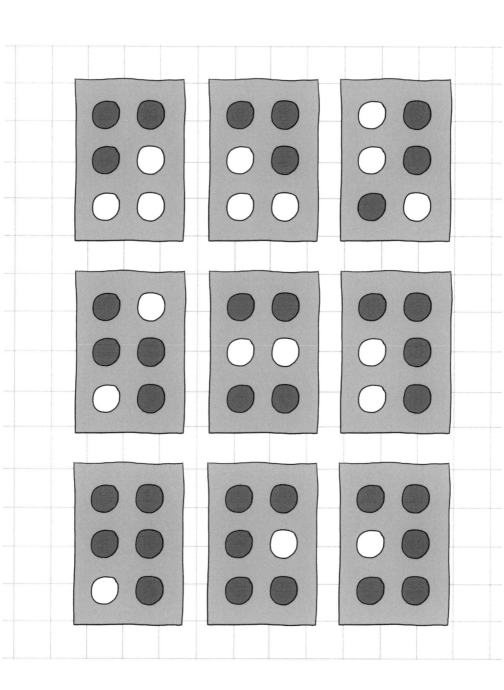

6개의 점으로 만든 빛

마지막으로 6개의 점에서 6개 점을 모두 사용하여 만들 수 있는 기호는 하나예요. 6개 점 모두를 사용해 만든 기호는 다음과 같아요.

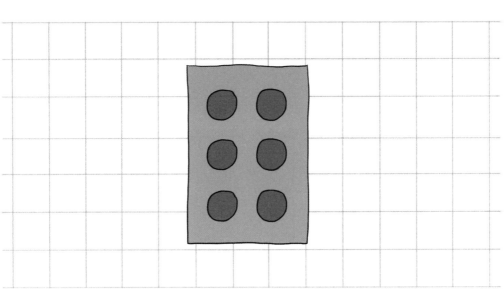

이제 우리가 만든 모든 기호의 개수를 더해 볼까요?

1+6+15+20+15+6+1=64

이렇게 모두 64개의 기호를 만들 수 있답니다.

지금까지 우리는 어떻게 64개의 기호를 만들 수 있는지 확인

해 보았어요. 이런 점자 체계를 만든 루이 브라이에게 박수를 보내요. 간단한 수학으로 누구나 쉽게 배울 수 있는 점자를 만들다니, 정말 대단한 수학자예요!

수학으로 어둠 속에 빛을 밝힐 수 있어요. 포기하지 않고 계속 노력한다면 우리 마음속에도 환한 등불을 밝힐 수 있지요. 할 수 있다는 믿음만 있다면 이 세상에 못 이룰 일은 없답니다.

어떤 것이 가장 쌀까?

여러분에게 질문 하나 할게요. 여러분은 슈퍼마켓에서 장을 보고 있어요. 식기세척기 세제를 사려고 하는데 아래와 같이 세 가지 중에서 선택할 수 있어요. 여러분은 어떤 것을 선택할 건가요?

10개에 5000원	25개에 14000원	40개에 23000원

여러분이라면 이 질문에 확실히 답을 할 수 있을 거예요. 답은 잠시 제쳐 두고 나에게도 같은 질문을 해 보세요. 나는 어떤 것을 선택할까요? 잠깐 생각해 볼게요. 바로 고르려니 어렵네요. 우리 동네에 사는 하니페 아주머니를 찾아가야겠어요. 그게 무슨 소리냐

고요? 하니페 아주머니는 절약의 여왕이거든요. 어떤 슈퍼에 어떤 물건이 있고, 브랜드별로 어떤 제품이 더 싸고 좋은 조건으로 나왔는지 정말 세세하게 다 알고 있어요.

하니페 아주머니가 우리 동네에 살아서 참 다행이에요. 물건을 살 때 어떤 것을 사야 할지 망설여진다면 얼른 하니페 아주머니에게 뛰어가면 되거든요. 하니페 아주머니는 어떤 질문을 해도 몇 초 안에 대답해요. 어떻게 이렇게 짧은 시간 안에 어떤 물건이 가장 좋은지 알 수 있을까요? 하니페 아주머니 덕분에 우리 동네에 사는 사람은 물건을 잘못 살 일이 결코 없어요.

내가 보기에도 하니페 아주머니의 절약 정신은 정말 대단해요. 나에게 "커서 뭐가 될 거니?"라고 묻는다면 나는 창피해하지 않고 하니페 아주머니처럼 되고 싶다고 말할 거예요. 하니페 아주머니처럼 뭐든지 척척 아는 절약의 여왕이 되고 싶어요.

나는 하니페 아주머니가 어떻게 이렇게 항상 싸고 좋은 물건을 사는지 궁금해졌어요. 그래서 하니페 아주머니가 슈퍼에 갈 때 따라가 보기로 했지요. 아주머니의 장바구니를 들어 주겠다는 핑계를 대고요.

예상대로 내가 "장바구니 좀 들어 드릴까요?"라고 하자 하니페 아주머니는 거절하지 않았어요. 첫날에는 도대체 어떤 기준으로 물건을 고르는지 단서를 찾을 수가 없었어요. 슈퍼에서 이곳저곳

정신이 팔려 구경하다 보니 자세한 것을 놓쳤나 봐요. 둘째 날과 셋째 날에는 더 유심히 살펴보았지만 여전히 답을 찾지 못했어요. 이러다가 아무것도 알아내지 못할 것만 같았어요. 포기해야 하나 생각하던 차, 드디어 단서를 찾았어요. 하니페 아주머니의 장바구니를 들어 드린 지 5일째 되던 날이었지요. 하니페 아주머니의 장바구니를 들고 집에 돌아와 탁자 위에 놓는데, 작은 공책 하나가 눈에 띄었어요.

이것이 평범한 공책이 아니라는 것은 분명했어요. 정말 오래된 골동품 책처럼 너덜너덜했거든요. 공책 사이에는 물건을 산 영수증들이 잔뜩 끼어 있어서 속 재료가 엄청나게 담긴 거대한 샌드위치처럼 보였어요. 나는 공책을 뒤지기 시작했어요. 책장을 넘길 때마다 눈을 믿을 수가 없었어요. 공책 안에는 숫자들과 계산, 물건 이름, 물건의 무게, 성분, 성분의 비율이 적혀 있었어요. 어떤 물건은 사용량과 언제까지 쓸 수 있는지까지 적혀 있었지요. 심지어 막대그래프와 꺾은선그래프도 있었어요. 나는 그래프들 사이에 적힌 글을 보고 이것이 물건들을 비교하는 그래프라는 것을 깨달았어요.

나는 정말 놀랐어요. 이 공책에는 내가 다 기억할 수 없을 정도로 엄청난 양의 정보가 담겨 있었어요. 하니페 아주머니의 공책은 수학 연산으로 가득 차 있었어요. 수학책보다도 더 복잡해 보였지요. 이 공책을 보자 하니페 아주머니가 왜 절약의 여왕인지 알 수 있었

어요. 그 많은 숫자와 공식을 써 가며 계산을 한다면 절약의 여왕은
물론 절약 교수님도 될 수 있을 거예요.

　나는 그날 공책을 본 후로 하니페 아주머니를 하니페 교수님이라
고 부르기로 했어요. 내 생각에 하니페 아주머니는 교수님이라고
불릴 자격이 충분해요. 세상 누구보다 절약을 잘하는 절약 전문가
하니페 교수님, 정말 멋져요!

물론 슈퍼에서 물건을 살 때 항상 하니페 아주머니처럼 엄청난 수학 연산을 할 필요는 없어요. 그래도 기본적인 수학만 안다면 물건을 살 때 "앗, 속았네."라고 말할 일은 없을 거예요. 아마 대부분의 경우에는 기본적인 수학 계산도 할 필요가 없을걸요. 조금이나마 비교해 보고 주의를 기울이는 것만으로도 충분히 현명한 소비자가 될 수 있으니까요.

그렇다면 어떻게 비교해 물건을 골라야 할까요? 처음 질문했던 주방 세제 문제로 돌아가 볼게요.

10개에 5000원	25개에 14000원	40개에 23000원

많은 사람이 더 큰 묶음이 더 경제적이라고 생각해 용량이 큰 상품을 고를 거예요. 보통 더 많이 사면 더 싸게 살 수 있다고 생각하니까요. 하지만 이건 속임수일 수도 있어요. 물건을 고를 때 이러한 속임수를 많이 봤거든요. 그러니 물건을 살 때는 꼭 차근차근 따져 보고 골라야 해요.

잘 따져 보기 위해서는 반드시 수학이 필요해요. 그래요, 수학을 실제로 써먹을 기회예요. 간단한 물건 하나를 살 때도 속임수에 넘어가는 경우가 많거든요. 그러니 물건 하나를 사더라도 어느 정도 수학을 할 필요가 있어요.

위에서 말한 주방 세제 구성을 비교해 봐요. 보통 가장 작은 묶음이 가장 비쌀 거라고 생각하지만, 여기서는 가장 싸게 살 수 있는 구성이에요. 어떻게 알았냐고요? 각 묶음을 비율에 따라 비교했어요. 안에 든 세제 개수를 똑같이 해 보는 거예요. 우선 첫 번째와 세 번째 묶음을 비교해 봐요.

첫 번째 묶음: 10개에 5000원이라면

20개에 10000원

30개에 15000원

40개에 20000원

첫 번째 묶음에 세제 40개가 들어 있다고 가정하면 20000원이 돼요. 그런데 세 번째 묶음은 40개에 23000원이니, 첫 번째 묶음이 세 번째 묶음보다 싸네요. 두 묶음 모두 세제가 40개 들었다고 가정하고 동일한 조건에서 비교해 본 거예요.

이제 같은 방법으로 첫 번째 묶음과 두 번째 묶음을 비교해 볼게요. 이번에는 세제 수를 25개로 놓고 계산해 봐요.

첫 번째 묶음: 10개에 5000원이라면

5개에 2500원

25개일 경우 10개 + 10개 + 5개로 계산한다면,

5000원 + 5000원 + 2500원 = 12500원

첫 번째 묶음에 세제 25개가 들어 있다고 가정하면 12500원이 돼요. 두 번째 묶음은 25개에 14000원이니, 이번에도 첫 번째 묶음이 두 번째 묶음보다 더 싸다는 것을 알 수 있어요. 여기서도 두 묶음 모두 동일하게 세제 25개가 들었다고 가정하고 계산한 거예요.

"난 이것도 계산하기 어려워. 아니, 귀찮아서 안 해."라고 한다면 다른 방법을 알려 드릴게요. 단가를 찾아보세요. 단가가 무엇이냐고요? 단가는 묶음 안에 있는 제품 1개의 가격을 의미해요. 자, 이제 핸드폰을 열고 계산기를 두드려 봐요. 각 묶음의 가격을 안에 든 제품의 개수로 나누면, 제품 1개의 가격, 즉 단가를 알 수 있어요.

첫 번째 묶음: 5000원을 10개로 나누면

    5000 ÷ 10 = 500원

두 번째 묶음: 14000원을 25개로 나누면

    14000 ÷ 25 = 560원

세 번째 묶음: 23000원을 40개로 나누면

23000 ÷ 40 = 575원

이렇게 계산해 보면 첫 번째 묶음의 단가는 500원, 두 번째 묶음의 단가는 560원, 세 번째 묶음의 단가는 575원이에요. 단가를 계산해 보니 첫 번째 묶음이 가장 경제적이라는 것을 한눈에 알아볼 수 있겠지요?

물건을 살 때 간단한 덧셈과 뺄셈, 곱셈과 나눗셈만 해도 많은 도움을 받을 수 있어요. 열심히 외웠던 구구단도 이럴 때 쓸모가 있지요. 잘 계산하고 꼼꼼히 따져서 속임수에 넘어가지 않는 현명한 소비자가 됩시다.

무한대 목걸이와 파이 반지

요즘 무한대 기호(∞) 모양이 달린 목걸이를 하고 다니는 사람이 많이 보여요. 아마 여러분도 본 적 있을 거예요. 이 목걸이를 하면 마치 수학 선생님이라도 된 것처럼 느껴져요. 이 목걸이를 하고 수학 시험을 보면 모든 문제들을 아주 잘 풀 수 있을 것만 같아요. 정말로 이 무한대 기호 목걸이 하나만으로 수학 수업이 재미있어지고 수학도 잘하게 된다면 얼마나 좋을까요?

물론 이 무한대 기호 목걸이는 수학을 잘하기 위해서 하는 것이 아니에요. 모양이 예쁘고 유행이라서 하는 거지요. 우리는 소중하게 생각하는 것들을 목걸이로 만들어 목에 걸곤 해요. 영원히 계속되는 '무한'을 목에 걸고 있다니, 이 얼마나 멋지고 의미 있는 일인가요!

무한대 목걸이는 예전부터 지금까지 많은 사람이 해 왔어요. 이제 조금 지겹지 않나요? 무한대 모양 말고 뭔가 새로운 것을 찾아봐요! 더 의미 있고 더 멋진 것으로요. 어떤 모양이 좋을지 한번 생각해 보세요. 무한대 기호처럼 멋지고 의미도 있고 인기를 끌 수 있어야 해요. 어때요? 쉽게 떠오르지 않지요? 나에게 좋은 생각이 하나 있어요. 바로 원주율을 나타내는 파이(π) 반지를 만드는 거예요. 사실 파이에는 무한대가 숨겨져 있거든요.

"어떻게 말이에요? 파이가 뭔데요? 3.14 아닌가요?"

이렇게 묻는 사람이 분명 있을 거예요. 맞아요. 파이는 3.14예요. 원둘레와 지름의 비 3.14요.

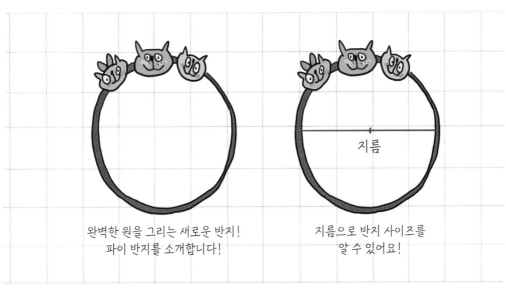

완벽한 원을 그리는 새로운 반지!
파이 반지를 소개합니다!

지름으로 반지 사이즈를
알 수 있어요!

원의 중심을 지나는 선인 지름으로
원의 둘레를 나누면 파이가 나와요.
3.14159265358979323846264338832
795028841971…… 이렇게 영원히 숫

둘레	지름
	3,14159265,…. (파이)

자가 이어지지요. 파이가 특별한 것은 이렇게 무한대가 숨겨져
있기 때문이에요.

파이는 전 세계 모든 원에 공통으로 적용되는 비율이에요. 어
떤 원이든 둘레를 지름으로 나누면 항상 똑같은 숫자가 나와요.

큰 원이든 작은 원이든 3.14로 시작해 영원히 계속되는 숫자가
나오는 거예요.

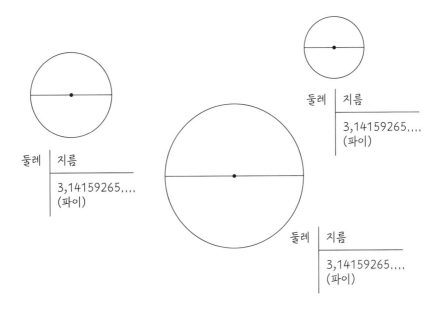

파이의 소수점 뒤에 붙는 숫자는 불규칙하게 무한으로 계속
이어져요. 파이의 소수점 뒤에서 끝없이 이어지는 숫자에는 무
한한 양의 정보가 담겨 있어요. 숫자로 된 정보라면 무엇이든
파이에서 찾을 수 있어요. 전화번호, 생년월일같이 우리에게 특
별한 숫자도 파이는 모두 가지고 있지요. 파이는 우리의 과거와
미래도 알고 있어요. 우리가 이 세상에 태어나기 전도 알고 있
고, 가장 행복했던 날도 알고 있지요. 하지만 너무 걱정하지 마

세요. 파이는 영원히 비밀을 지킬 거예요. 그것 말고도 파이는 모든 것을 다 알고 있으니까요.

파이에 있는 무한대에는 모든 것이 다 담겨 있고요. 원에서 파이가 탄생했고, 파이에는 숫자가 영원히 이어져요. 이런 멋진 의미를 담아 파이 반지를 만들어 보는 것은 어때요? 반지에 다이아몬드 대신 파이 기호를 새기는 거예요. 사랑은 영원히 둥글게 이어지는 원과 같고, 파이는 영원히 계속되는 사랑을 의미해요. 손가락에 낀 반지가 영원한 사랑을 상징한다니, 이 얼마나 멋진 일인가요? 무한대 기호 목걸이 대신 파이 목걸이를 하는 것도 좋겠네요.

나라면 지금이라도 당장 파이 목걸이나 반지를 만들러 달려갈 거예요. 엄청난 인기를 끌 것 같지 않나요? 내 아이디어지만 여러분이 쓰고 싶다면 기꺼이 허락해 줄게요.

마지막으로 머리 아픈 이야기 하나만 할게요. 원에 파이가 있다는 것은 그 안에 무한대가 숨어 있다는 뜻이에요. 그렇다면 무한대의 경계를 원으로 그릴 수 있을까요? 그런데 무한대는 끝이 없잖아요? 원 안에 딱 들어가는 무한대가 과연 존재할까요?

원에 갇힌 무한대

파이

3,141592...

티스푼 하나에 쌀알 몇 개가 들어갈까?

질문 하나 할게요. 티스푼 하나에 쌀알 몇 개가 들어갈까요? 이 질문을 들은 사람들은 이런 대답을 할 거예요.

"30개요."

"40개?"

"아마도 50개요!"

"64개일 수도 있어요."

"그걸 누가 알아요? 87개는 될걸요."

"아니, 아니야! 100개는 될걸."

"100개? 너무 많은 것 같은데!"

"90개일지도 몰라요."

많은 분이 이 질문에 어림짐작으로 추측해 대답했을 거예요.

신이 아닌 이상 이런 질문에 정확하게 답하기는 어려워요. 우리가 한 추측이 정확할 수도 있고 아예 정답과는 동떨어져 있을 수도 있어요. 그렇다면 정답은 무엇일까요? 누가 가장 정확하게 추측했을까요? 이 질문의 답을 찾기 위해서는 두 가지가 필요해요. 첫 번째는 쌀알이 담긴 티스푼, 두 번째는 수학의 가장 기초가 되는 숫자 세기예요!

티스푼 하나에 쌀알 몇 개가 들어가는지 답을 찾기 전에 질문을 바꿔 볼게요. 티스푼으로 쌀을 떠서 몇 알인지 세어 볼까요?

"누가 귀찮게 쌀알을 세요?"

"밥을 할 줄도 모르는데 웬 쌀알이에요?"

"쌀알을 왜 세는 거죠?"

"도대체 누가 이런 질문을 해요?"

"지금 수학 시간 맞아요?"

"내가 왜요!"

질문에 "센다"는 단어를 넣자마자 반응이 달라졌네요. 그렇다면 첫 번째 질문과 두 번째 질문의 차이점은 무엇일까요? 사실 차이점은 없어요. 질문하는 방식이 다를 뿐이에요. 질문의 내용도 매우 중요하지만 질문을 하는 방식도 답변을 끌어내는 데 매우 중요해요. 안타깝게도 우리는 수학 교육을 받을 때 두 번째 같은 질문을 받아요. 첫 번째 질문에서 그 누구도 쌀을 세어 보라고 말하지 않았어요. 하지만 티스푼 하나에 쌀알이 몇 개나 들어가는지 질문을 받으면 많은 사람이 궁금증을 이기지 못하고 쌀알을 세어 볼 거예요. 어느 누구도 쌀알을 셀 때 수학을 다루고 있다는 사실은 생각지도 못하겠지요. 수학이라고 생각하지 않으니 좀 더 쉽고 재미있게 느껴질 거예요.

"쌀을 세는 데는 복잡한 계산을 할 필요도 없는걸요. 나는 그냥 내가 궁금한 것을 알아보려는 거예요."

네, 맞아요. 수학은 꼭 복잡한 계산이 있어야 하는 것이 아니에요. 우리는 일상생활에서도 궁금한 것을 알아내기 위해 수학을 사용하고 있답니다.

우리가 생활 속에서 사용하는 수학은 숫자를 세는 것만 있을까요? 당연히 아니죠. "수학에 숫자 세기만 있다면, 어려운 수

학 공식과 씨름할 일은 없겠네!"라고 말하는 사람도 있을 거예요. 하지만 우리는 숫자 세는 것 말고도 수학을 많이 사용하고 있어요. 우리 자신도 모르는 사이에요. 요리할 때나 물건을 살 때, 운전할 때도 수학을 사용해요. 물론 모든 요리와 쇼핑에 수학을 사용하는 것은 아니에

요. 물건을 살 때는 가장 경제적인 제품을 고르기 위해 수학을 사용하고, 요리할 때는 재료들이 적절한 비율로 완벽하게 어우러진 맛있는 음식을 만들기 위해 수학을 사용하지요.

사실 수학을 배울 때 꼭 필요한 것은 문제를 풀려고 노력하는 자세예요. 답을 알려는 마음만 있다면 쌀알도 얼마든지 셀 수 있잖아요. 물론 세는 법을 알아야겠지요. 우리 생활 속에서도 숫자 세기는 아주 중요해요. 멀리 떨어져 있는 사랑하는 사람과 다시 만날 날도 세어야 하고, 지루한 수학 시간이 언제 끝날지 알기 위해 시간을 셀 줄도 알아야 하니까요.

이렇게 가장 기본적인 수학인 숫자 세기만 알아도 우리 삶은 훨씬 더 편리해져요. 그렇다면 우리가 수학 시간에 배우는 것은 우리 생활에 모두 꼭 필요한 것일까요? 도대체 수학은 우리 생활에 어떤 도움을 줄까요? 이 문제는 나와 같은 선생님이나 수학 전문가들이 고민해 볼 일이에요. 학생들이 더 흥미를 가지고 수학을 배울 수 있도록요. 여러분은 호기심을 갖고 수업에 적극적으로 참여하기만 하면 돼요.

이 말은 "선생님, 지금 배우고 있는 것이 제 인생에서 무슨 소용이 있나요?"라는 질문을 해서 수업을 방해하라는 뜻이 아니에요. 여러분이 배운 모든 것은 인생의 어느 날에는 사용할 일이 있을 거예요. 오늘 아니면 내일, 내일이 아니면 어느 날 반드시 쓸모가 있을 거예요. 단지 지금 내가 수학을 사용하고 있다는 사실을 깨닫지 못할 뿐이지요. 티스푼 하나에 쌀알 몇 개가 들어갈까라는 질문을 받았을 때, 이게 수학 문제라고 생각했나요? 아무도 그렇게 생각하지 않았을걸요.

자동차를 주차하는 사람은 자신이 각도를 사용하고 있다는 것을 몰라요. 어떤 곳에 갈 때마다 다른 길로 가는 사람은 자신이 확률을 사용하고 있다는 사실을 깨닫지 못해요. 은행에서 예금을 할 때는 기간이라는 개념을 사용하고 있다는 것도 깨닫지 못하지요. 주식을 살 때 이익과 손실 문제를 다루고 있다는 것도 알지 못해요. 달력, 시간, 날짜, 달…… 이런 시간의 개념이 순수한 수학이라는 것을 아는 사람은 많이 없어요. 영화를 볼 때 자리를 찾기 위해 좌표를 사용한다는 것도 깨닫지 못해요. 요리사는 커다란 빵 한 덩이로 몇 인분을 만들 수 있는지는 알고 있지만 자신이 분수를 사용하고 있다는 것은 깨닫지 못해요. 택시를 타는 사람은 택시 미터기의 요금을 계산하기 위해 방정식을 사용하고 있다는 것을 깨닫지 못해요. 이사 갈 집을 알아보는 사람은 "이 집이 몇 제곱미터인가요?"라고 묻지만 자신이 면적 측정 단위를 사용하고 있다는 사실은 알지 못해요.

많은 사람이 셀 수 없이 많은 상황에서 자신도 모르는 사이에 이미 수학을 사용하고 있지만 그 사실을 깨닫지 못하고 있답니다.

이제 처음으로 돌아가서 다시 질문해 볼게요. 티스푼 하나에 쌀알 몇 개가 들어갈까요? 분명 여러분은 추측을 하고 있겠지요. 여러분의 추측이 매우 정확할 수도 있지만, 예상과는 다른 결과가 나올 수도 있어요. 이 질문의 답이 무엇인지 정말 궁금하지요? 자, 그렇다면 방법은 하나예요. 어서 세어 보세요!

우리의 삶 곳곳에는 보물이 숨겨져 있어요. 그 보물을 찾으려면 지도가 필요하지요. 바로 그 지도에도 엄청난 수학이 들어 있답니다.

덧셈의 왕 가우스

안녕하세요. 내 이름은 코엔이에요. 나는 1777년에 태어났어요. 지금은 5학년이지요. 아마도 당신이 지금 이걸 읽고 있을 때쯤에는 수백 년이 지났을 거예요. 미래의 학교 수업은 어떤 모습인가요? 도무지 상상이 안 돼요. 우리 학교에서는 선생님이 수업을 하면 학생들은 조용히 들어요. 엄마 아빠는 열심히 공부하라고 엄청 잔소리를 하고요. 아마 미래에는 기술도 엄청 발전했겠지요. 어쩌면 수학 알약이 개발되었을지도 몰라요. 그 알약을 삼키기만 하면 수학 공식도 척척 외우고 수학 문제도 엄청 빠르게 풀 수 있을 거예요.

내가 왜 이 글을 쓰게 되었는지 말씀드릴게요. 우리 반에 친구 하나가 있는데 나는 그 친구가 너무 짜증 나요. 모든 것은 선생님이 칠판에 그 문제를 적었을 때 시작되었어요. 아시다시피 가끔 선생

님들은 학생들을 괴롭히려고 칠판에 어려운 문제를 적곤 하잖아
요. 우리 학생들은 그 문제를 풀려고 몇 분 동안이나 끙끙 애를 쓰
고요. 그날 선생님은 칠판에 다음과 같은 문제를 적었어요. 그 아
래에는 문제를 더 잘 이해할 수 있도록 설명도 써 놓았고요.

1+2+3+⋯⋯⋯+100=?

1부터 100까지 숫자의 합을 구하세요.

이 문제의 답을 찾으려면 적어도 30분은 걸릴 것 같았어요. 선생
님은 늘 그랬듯 우리가 문제를 푸는 동안 다른 일을 할 생각이었어
요. 나는 더 시간 끌지 않고 숫자의 합을 구하기 시작했어요.

1+2=3

3+3=6

6+4=10

아직 1과 2와 3과 4를 더하고 있는데 우리 반 친구 하나가 손을
번쩍 들었어요. 우리 모두 그 친구가 선생님께 무언가 물어볼 게 있
다고 생각했지요.

"선생님, 저 문제 다 풀었어요."

그 친구의 말에 교실 안이 순식간에 조용해졌어요. 모두 꼼짝도 하지 않았지요. 선생님도 깜짝 놀란 표정이었어요. 그 말을 한 친구는 가우스였어요.

'말도 안 돼. 벌써 풀었을 리가 없는데. 분명히 틀린 답일 거야.'

나도 놀라 이렇게 생각했지요. 선생님은 가우스 옆으로 가서 답을 살펴보았어요. 우리 모두 선생님의 얼굴을 지켜보았어요. 선생님의 얼굴에 놀란 표정이 스쳤어요. 우리도 놀랐지요. 가우스는 정말 문제를 푼 거예요. 정말로 몇 분 만에 1에서 100까지 모든 수를 더했어요!

나는 문제를 빨리 푸는 것이 중요하다고는 생각하지 않아요. 하지만 가우스는 정말 빠르게 문제를 풀었어요. 나도 문제를 풀었지만 30분은 걸린 것 같아요. 가우스는 곧 학교에서 가장 인기 있는 학생이 되었어요. 여자아이들도 가우스가 멋있다고 쫓아다녀요. 문제 하나 빨리 풀었다고 잘난 척하다니! 나는 그 이후로 가우스만 보면 짜증이 났어요. 여러분이라면 짜증 안 나겠어요?

몇 년 후 가우스는 전 세계적으로 유명한 수학자가 되었어요. 코엔이 이 글을 쓸 때, 가우스가 위대한 수학자가 될 것이라는 사실을 알았더라면 어땠을까요?

그렇다면 가우스는 어떻게 1에서 100까지의 숫자를 그렇게 빨리 더할 수 있었을까요? "1+2+3+……+n 공식을 쓴 거 아니에요?"라고 말하는 친구도 있을 거예요. 미안하지만 이 공식은 그 당시에는 아직 존재하지 않았어요. 235년 전, 가우스가 이 공식을 발견했으니까요. 이 공식은 오늘날에 "가우스의 덧셈"이라고 불리고 있어요.

$$
\begin{array}{cccccccc}
1 + & 2 + & 3 + & \dots\dots & + & 98 + & 99 + & 100 \\
+ 100 + & 99 + & 98 + & \dots\dots & + & 3 + & 2 + & 1 \\
\hline
101 + & 101 + & 101 + & \dots\dots & + & 101 + & 101 + & 101
\end{array}
$$

위의 수식을 보고 당장 이해하지 못해도 걱정하지 마세요. 차근차근 설명해 볼게요. 가우스는 1+2+3+……+100 연산을 두 번 연속으로 했어요. 두 번째에는 100부터 거꾸로 숫자를 더했지요. 가우스는 각 열에 있는 숫자의 합이 101이라는 것을 깨달았어요. 그러고는 100개의 101을 모두 더해 10100을 계산해 냈지요. 그다음 이 결과를 2로 나누어 5050이라는 답을 찾았어요. 2로 나눈 이유는 같은 숫자를 두 번 더했기 때문이에요. 어린 소년이 이런 단순하고도 굉장한 해결책을 발견해 내다니 정말 놀랍지 않나요?

이제 가우스와 같은 반에 있는 코엔의 입장에서 생각해 봐요. 우리도 1부터 100까지 숫자를 더하라는 문제를 받으면 종이와 연필을 들고 계산을 시작했을 거예요. 하지만 곧 "아, 이걸 어떻게 다 더해? 못하겠어." 하며 포기했을 테지요. 그러나 코엔은 끝까지 포기하지 않았고, 자기가 할 수 있는 방법으로 하나하나 계산한 끝에 결국 답을 찾아냈어요.

나는 학교에서 수학을 가르치는 방식에 문제가 있다고 생각해요. 우리는 보통 우리가 할 수 있는 방법으로 문제를 해결하곤 해요. 우리는 매일 어떤 상황에 맞닥뜨리고, 가장 실용적인 해결책을 찾으려고 노력하지요. 그리고 실제로 매우 논리적으로 문제를 해결해요.

많은 사람이 장을 볼 때 잔돈을 귀찮게 생각해요. 슈퍼에서 계산원은 거스름돈을 주고받는 귀찮은 상황을 피하기 위해 우리 지갑에 있는 동전들을 모두 받으려고 하지요. 이제 우리가 거의 매일 마주치는 슈퍼 계산대에서의 상황을 예로 들어 볼게요.

슈퍼에서 물건을 사면서 물건 값이 15400원이 나왔다고 가정해 봐요.

계산원: "15400원입니다."

나: (20000원을 건네며) "여기 있어요."

계산원: "400원이 있을까요?"

나: "한번 볼게요. 안타깝게도 없네요."

계산원: "500원은 있나요?"

나: "네, 500원은 있어요."

계산원: "네, 그럼 그렇게 주세요."

나는 20000원을 주고 500원도 냈어요. 계산원은 학교 다니는 내내 수학 때문에 골머리를 앓았지만 이번에는 아주 잘 계산했어요. 물건 값이 얼마였나요? 15400원이었지요. 계산원은 15000원과 400원을 따로따로 생각했어요. 15000원에서는 20000원을 받고 5000원을 거스름돈으로 주었어요. 400원에서는 500원을 받고 거스름돈 100원 대신 껌을 주었고요.

"어휴, 뭘 이렇게까지 해." 하고 한숨 쉬는 친구들이 분명 있을 거예요. 하지만 계산원은 재빨리 머리를 굴려 귀찮은 잔돈을 줄였어요. 이처럼 우리가 매일 가는 슈퍼에도 머리를 쓸 일이 꽤 많답니다. 그러니 슈퍼에 갈 때는 잔돈을 꼭 챙겨 가세요!

가우스가 덧셈을 빠르게 하기 위해 발견한 계산법과 계산원이 거스름돈을 깔끔하게 처리하기 위해 사용한 방법은 서로 달라요. 하지만 한 가지 공통점이 있어요. 바로 문제를 효율적으로 해결하기 위해 수학을 이용했다는 거예요!

우리는 항상 생활에서 마주치는 문제들을 해결하려고 노력해요. 매번 꼭 효율적인 해결책을 찾는 것은 아니지만요. 그런데 이렇게 생활 속의 문제는 잘 풀려고 하면서 왜 수학 문제는 풀기 싫어하는 걸까요? 수학 수업을 동네 슈퍼에서 하면 좀 더 재미있게 배울 수 있을까요?

금고 비밀번호 맞히기

금고 안에 어마어마한 돈이 들어 있어요. 금고의 비밀번호는 5개의 숫자로 이루어져 있어요. 여러분에게 주어진 시간은 단 하루, 24시간이에요. 비밀번호만 찾을 수 있다면 돈은 여러분의 것이에요.

"비밀번호가 뭘까?"

"한번 찍어 보자."

"도무지 짐작도 안 가."

"벌써 세계 최고의 부자가 된 것 같아. 잠깐이라도 이 기분을 즐겨 보자고!"

"비밀번호를 찾아야 부자가 되지."

"무슨 수를 써서든 비밀번호를 찾아야 해!"

"신이 아닌 이상 비밀번호를 알 수는 없어."

"그래도 이 기회를 놓칠 순 없어!"

"난 돈 필요 없어!"

"나도 그만할래."

"네 맘대로 그러지 마!"

"난 여기에 내 운을 걸고 싶지 않아."

"해 보지도 않고 왜 그래?"

이처럼 금고를 여느냐 마느냐 하는 데도 이렇게 많은 경우가 생길 수 있어요. 그렇다면 금고의 비밀번호를 찾는 데는 얼마나 많은 경우의 수가 필요할까요? 아마 비밀번호를 찾기는 정말 어려울 거예요. 비밀번호가 될 수 있는 경우의 수가 너무 많거든요. 정확히 10만 개의 경우가 있어요. 네, 정확히 읽었어요. 10만 개요. 과연 10만 개의 경우 중에서 비밀번호를 찾을 수 있을까요?

그래도 꼭 도전하겠다면 말리지는 않을게요. 비밀번호가 무엇일지 계속 생각하고 찾아보세요. 그동안 나는 10만 개의 경우의 수가 어떻게 나왔는지 설명할게요.

비밀번호는 5개의 숫자로 이루어져 있고, 한 자리마다 10가지 숫자를 대입할 수 있어요.

0	0	0	0	0
1	1	1	1	1
2	2	2	2	2
3	3	3	3	3
4	4	4	4	4
5	5	5	5	5
6	6	6	6	6
7	7	7	7	7
8	8	8	8	8
9	9	9	9	9

그러니까 각 자리에 0부터 9까지 숫자 10개를 넣을 수 있는 거예요.

10	10	10	10	10

한 자리에 넣을 수 있는 숫자를 모두 곱하면, 가능한 모든 비밀번호의 경우의 수가 나와요.

$$10×10×10×10×10=100000$$

비밀번호가 될 수 있는 경우의 수는 10만 가지가 있어요. 그런데 비밀번호를 찾는 데 주어진 시간은 단 하루예요. 하루는 24시간, 한 시간은 60분, 그리고 1분은 60초예요. 그렇다면 당신에게 주어진 시간을 초로 계산해 보면 24×60×60=86400초예요. 비밀번호의 경우의 수가 몇 개였죠? 10만 개. 주어진 시간은 얼마였죠? 86400초. 그렇다면 먹지도 마시지도 자지도 않고 1초에 한 번씩 비밀번호 경우의 수를 계속 넣어 봐도 찾기는 힘들 것 같네요. 1초에 한 번씩 86400번을 해 본다 해도 10만 개 중 86400번을 뺀 13600개는 시도해 보지도 못해요. 그런데 금고의 비밀번호가 13600개 중 하나일 수도 있잖아요.

그렇기 때문에 나라면 이 도전을 하지 않을 거예요. 여러분이 비밀번호를 찾기 위해 씨름할 때 나는 아무것도 안 할 거예요. 나는 선택을 할 때도 수학을 사용하니까요. 여러분도 잘 선택해서 헛된 수고 하지 않길 바라요. 아무리 큰돈을 가질 수 있다 해도, 고생만 하다 비밀번호를 찾는 데 실패할 수도 있어요.

　하지만 혹시 첫 번째 경우에 비밀번호를 맞힐 수도 있지 않을까요? 그래요, 첫 번째에서 비밀번호를 맞힐 가능성도 있지만 그 확률은 매우 낮아요. 물론 운이 아주 좋아 처음 생각한 비밀번호가 맞았다면 정말 뛸 듯이 기쁠 거예요. 하지만 첫 번째에 비밀번호를 맞힐 수 있는 확률은 10만분의 1로 매우 희박해요. 아무리 열심히 한다 해도 맞힐 수 없을 거예요. 그리고 스스로에게 화를 내겠지요.

　비밀번호를 찾는 것은 모두 운에 달렸어요. 엄청난 액수의 복권에 당첨되는 것처럼 아주 큰 행운이 필요하지요. "나한테 운이 좀 더 따랐더라면……!" 하고 우울해할 수도 있어요. 이 돈으로 살 수 있는 멋진 집과 최신형 자동차들도 떠오르겠지요. 여러 나라를 여행하며 SNS에 사진을 올리려고 했는데 아쉬움에 한숨만 나와요. 자꾸 미련이 남는다면 도전해 보세요! 하지만 논리적으로 생각하고 수학적으로 추론했다면 성공할 가능성은 매우 낮다는 것을 알 거예요.

"난 확률을 계산할 줄 몰라요. 확률을 모르는데, 내가 금고를 열 수 있을지 없을지 어떻게 알겠어요?"

이렇게 말하고 싶을 수도 있어요. 그래도 다시 한번 차근차근 따져 보세요. 이 확률을 계산하는 것은 그렇게 어렵지 않아요. 나는 수학을 사용해 비밀번호를 찾을 확률을 계산했고, 확률이 낮으니 과감히 포기했어요. 애초에 헛고생할 일에는 뛰어들지 않는 법이니까요.

갖지도 못할 것에 괜히 욕심내지 말아요. 지금 가진 것들로도 충분히 행복할 수 있어요. 인생은 돈이 있든 없든 아름다우니까요. 우리 인생은 매 순간마다 최선을 다하며 살아갈 가치가 있답니다.

수학을 안다면, 문제를 해결할 때 운에 맡기지 마세요. 머리로도 충분히 해결할 수 있답니다.

돈으로 무엇을 할 수 있을까?

혹시 요즘 오스만을 본 적 있나요? 오스만은 얼마 전 엄청난 행운을 얻었어요. 복권에 당첨된 거예요. 그 후 오스만을 본 사람은 아무도 없어요. 사람들이 오스만 이야기를 하는 소리만 여기저기서 들리네요.

"복권에 있는 8자리 숫자를 모두 맞혔대."

"숫자를 모두 맞힐 확률은 매우 낮은데. 행운이 따라 준 거야."

"당연히 행운이 따랐겠지! 숫자를 모두 맞힐 확률이 얼마일까?"

"1000분의 1?"

"1000분의 1이라면 당장 시도해 보겠어. 바로 가서 복권 1000개를 살 거야."

"숫자를 모두 맞힐 확률이 정확히 얼마일 것 같아?"

"얼마인데?"

"1억분의 1이야."

"1억분의 1?"

"그래, 1억! 얼마라고 생각했어?"

"그렇게 확률이 낮아?"

"복권에 8자리 숫자가 있잖아. 한 자리에 들어갈 숫자는 10가지가 있어. 10을 8번 곱해야 하는 거지. 그러면 1억이야."

"아무리 머리를 쓴다 해도 복권에 당첨되기는 어렵겠네. 오스만은 정말 운이 좋구나. 오스만은 학교 다닐 때도 수학은 잘 못했어. 구구단도 제대로 외우지 못했는걸."

"구구단이 무슨 상관이야. 오스만은 이제 한번 입었던 옷은 다시는 입지 않는대. 게다가 이름도 처음 들어 보는 멋진 자동차를 타고 다닌대."

"50억을 탔다던데."

"50억? 와! 엄청나네!"

"나한테 50억이 있다면⋯⋯."

"음, 50억이 있으면 무엇을 하고 싶어?"

"무슨 일이든 못 하겠어? 먼저 집을 사고 그다음에 차를 사겠지. 남은 돈으로는 멋진 회사를 차릴 거야."

"나는 그렇게 안 해. 회사는 안 차릴 거야. 집을 여러 채 사야지.

한 10채 정도 사서 전부 다 월세로 돌릴 거야. 집 하나에 100만 원을 월세로 받으면, 한 달에 1000만 원은 벌 수 있어. 오, 멋진데!"

"난 좋은 은행에 가서 정기 예금을 들 거야. 1년에 이자가 10퍼센트 붙는다면, 50억 원의 10퍼센트는 5억이야. 50억 원에다 5억이 더 붙는 거지. 그럼 55억 원이야. 이게 더 좋은데?"

"난 은행은 못 믿겠어. 내가 좀 구식이거든. 옛날에 은행 같은 건 없었어. 나는 그 돈으로 금을 살 거야. 우리 아버지가 그러는데 가장 좋은 투자는 금이라고 했어. 언제 금값이 떨어진 거 본 적 있어? 작년에 1그램당 3만 원에 샀는데, 지금 얼마인지 알아? 5만 원이 됐어. 금 1그램당 2만 원을 번 거야. 그럼 50억 원으로 금을 산다고 생각해 봐. 1그램당 5만 원에 산다면 몇 그램을 구매할 수 있지? 50억을 5만으로 나누면 10만이니까 금 10만 그램을 살 수 있어. 1그램당 2만 원을 이득 본다고 하면, 10만 곱하기 2만, 그럼 20억이야. 20억 원을 벌 수 있다고! 더 뭐가 필요하겠어?"

50억 원으로 온갖 상상을 펼치며 이야기하는 모습이 무척 행복해 보이네요. 상상만으로도 이렇게 행복한데 실제로 돈이 있다면 얼마나 행복할까요?

많은 사람이 돈을 좋아하고 돈에 대해 이야기를 나눠요. 하지만 나는 돈에는 관심 없어요. 돈으로 무엇을 할까 상상하는 것도 싫고요. 나는 "돈의 힘"에 관심이 있어요. 돈은 사람을 무엇이든 하게 만드니까요. 방금 전 대화에서도 봤지요? 돈 이야기를 하면서 계산을 술술 했잖아요.

50억 원 이야기를 하면서 확률부터 퍼센트, 이자, 예금, 손익 등 모든 주제들이 다 나온 것 같아요. 수학 시험에서처럼 말이에요. 동네 카페에서 이런 일이 벌어지다니, 이것이 바로 내가 말하는 돈의 힘이에요. "돈이 많을수록 거만해진다."라는 말이 있어요. 나는 이 말을 "돈은 수학 실력을 더 좋게 만든다." 이렇게 바꾸고 싶어요.

이제 동네 카페에서 벗어나 더 넓은 관점에서 살펴봐요. 정말 돈이 수학 실력과 연관이 있을까요? 핸드폰을 예로 들어 볼게요. 요즘에는 누구나 핸드폰을 가지고 있어요. 핸드폰이 없는 삶은 상상조차 할 수 없지요. 이렇게 우리 삶을 편리하게 해 주는 핸드폰에는 정말 진지한 수학이 깃들어 있어요. 이러한 제품을 개발하기 위해서는 매우 높은 수준의 수학이 필요해요.

그렇다면 핸드폰을 만드는 회사의 사장은 뛰어난 수학자일까요? 아니면 이런 회사에 뛰어난 수학자들이 일하고 있을까요? 대부분 두 번째라고 답할 거예요. 맞아요. 핸드폰 회사의 사장은 수학을 꼭 잘할 필요는 없어요. 왜냐하면 돈이 있기 때문이지요. 돈으로 수학을 아주 잘하는 사람들을 고용할 수 있으니까요. 그렇다면 우리도 핸드폰 회사 사장처럼 돈을 많이 벌어야 할까요? 아뇨, 그 전에 수학 실력을 키우는 것이 먼저예요. 수학을 잘하면 많은 기회가 생겨요. 좋은 직업을 가질 수도 있고, 그 직업을 가진 사람들 중에서도 최고가 될 수도 있어요.

이렇게 돈은 동네 카페에서 이야기하는 사람들의 수학 실력을 키워 줄 뿐만 아니라, 뛰어난 수학자들이 우리 삶을 편리하게 해 주는 제품을 만드는 데도 도움을 줘요. 결국 돈은 여러 방면에서 수학에 기여를 해요. 하지만 돈이 없다고요? 그럼 수학을 잘하도록 노력을 해 보세요.

하지만 한 가지는 꼭 기억하세요. 수학 실력은 돈으로 얻을 수 없어요. 수학은 머리로 하는 것이니까요.

할머니는 수학의 달인?

오늘 난 정말 행복해요. 할머니가 우리 집에 오셨거든요. "겨우 그것 때문에 행복하다고? 할머니가 오신 게 그렇게 좋아?"라고 물으며 웃을 수도 있어요. 그래요. 모두가 자기 할머니를 사랑하겠지만, 나와 우리 할머니의 관계는 조금 특별해요.

우리 할머니는 터키식 만두 요리인 만트를 정말 잘 만들어요. 할머니가 만드는 만트는 동네에서도 아주 유명해요. 심지어 할머니는 만트 주문을 받고 팔기까지 하지요. 아마 맛보면 깜짝 놀랄걸요. 할머니가 오신다는 것은 만트를 먹을 수 있다는 것을 의미해요. 만트를 아주 맛있게 먹으며 재미있고 즐거운 시간을 보낼 수 있다는 뜻이지요. 만트를 만들 때면 우리 집에는 웃음이 넘쳐요. 모두의 입이 귀에 걸린 채 하하 호호 즐겁게 떠들지요.

지금까지 나는 만트를 함께 만들지 않았어요. 하지만 이번에는 나도 같이 만트를 만들어 보래요. "저 못 만들어요. 못생기게 빚을 걸요."라고 말했지만 아무도 듣지 않았어요. 나는 할 수 없이 자리에 앉아서 만트 빚는 것을 지켜보았어요.

　할머니는 반죽을 공처럼 둥글게 만들어서 빈 그릇에 담았어요. 그런 다음 부드러운 반죽을 밀대로 열심히 펴기 시작했지요. 반죽이 얇아지자 부엌칼을 사용해 반죽을 작은 사각형으로 나누었어요. 우리 엄마는 사각형 반죽 안에 쇠고기를 넣는 일을 맡았고요.

　그 순간 내 머릿속에서 이상한 일이 일어났어요. 머리가 빙빙 돌기 시작한 거예요. 나는 만트를 정말 좋아하니, 만트 만드는 것도 좋아할 줄 알았어요. 하지만 할머니가 반죽에 칼을 댈 때마다 내 머리는 빙글빙글 춤을 췄어요. 너무 어지러워서 눈을 감아야 할 정도였지요.

　눈을 감자 머릿속에 영화 화면이 스쳐 가는 것 같았어요. 갑자기 학교 수학 선생님이 보였어요. 칠판에 뭔가를 설명하고 있었지요. 갑자기 화면이 바뀌었어요. 새 화면에는 사막처럼 건조하고 나무가 없는 곳이 나타났어요. 날씨도 꽤 더운지 아지랑이가 피어나고 있었지요. 나는 조금 더 머릿속 화면에 가까이 다가갔어요. 화면에 두 사람이 있었어요. 이상한 옷을 입고 있었는데, 아마도 먼 옛날에 살았던 사람 같았어요. 두 사람 모두 여성으로 보였는데, 한 사람이 다른 사람에게 무언가를 설명하고 있었어요. 두 사람은 사각형으로 나누어진 동그란 모양의 양피지를 보면서 얘기하고 있었어요.

머릿속 화면이 마치 고장 난 텔레비전처럼 꺼졌다 켜졌다 깜박깜박했어요. 화면이 사라지자 사각형으로 나누어진 반죽이 보였어요. 반죽, 양피지, 반죽, 양피지, 반죽, 양피지……. 보였다 안 보였다 하네요. 내 머리는 질문으로 가득 찼어요.

'그 사람들은 무엇을 하는 거지? 우리 할머니는 확실히 만트를 만들고 있는데. 그 화면이 만트랑 무슨 관계가 있지? 양피지는 왜 사각형으로 나뉘어 있는 거지? 그래, 사각형으로 나눌 수는 있어. 그렇다면 왜 그걸 보면서 이야기를 하고 있었지? 그 화면에 나온 수학 선생님은 무슨 의미지?'

나는 잠시 질문들을 생각해 보았어요. 수학 선생님이 왜 그 화면에 나왔는지 도무지 이해할 수가 없었어요. 내 안의 무의식이 나온 걸까요? 아마 내일 수학 시험이 있어서 머리가 뒤죽박죽인가 봐요. 나는 조금 더 생각해 보았어요. 그러고는 고민 끝에 결론을 내렸지요. 그 한 여성은 다른 여성에게 만트 만드는 법을 알려 주고 있었어요. 그럼요! 아니면 뭐겠어요?

이 결론이 과연 맞을까요? 그래요, 할머니와 두 여자는 모두 같은 일을 하고 있었어요. 수학 말이에요. 모두 공간의 넓이를 구하고 있던 거예요! 고대에는 면적을 알기 위해 공간을 네모로 나누어 계산했어요. 양피지에 있는 사각형들 또한 면적을 계산하기 위해 나눈 것이었지요. 예전에 면적을 알기 위해 썼던 방법이 여전히 우리 삶에 남아 있어요. 요즘에도 만트를 만들 때 반죽을 사각형으로 나누니까요.

지금 우리가 알고 있는 면적을 구하는 공식은 그 당시에는 발견되지 않았어요. 면적을 계산하는 가장 빠른 방법은 같은 크기의 더 작은 모양으로 나누는 것이었지요. 예전부터 지금까지, 면적을 계산하기에 가장 적합한 모양은 정사각형이에요. 정사각형의 면적은 제곱을 하면 계산할 수 있지요. 만트를 만들 때

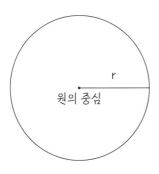

r=반지름
원의 면적을 구하는 공식:
$\pi \times r^2$

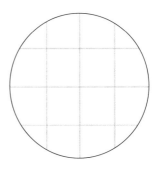

사각형으로 나누어진 원
목적: 1. 면적을 계산하기 위해
2. 만트를 만들기 위해

원을 정사각형으로 나누는 것처럼, 우리는 우리도 모르는 사이에 면적을 구하는 법을 이용하고 있답니다.

"이 집은 몇 제곱미터예요?"

"욕실에 몇 제곱미터의 타일이 필요할까요?"

"6제곱미터 카펫이 거실에 충분할까요?"

아마 이렇게 말하는 사람은 많이 없을 거예요. 항상 정확한 면적을 알아야 하는 것은 아니니까요. 하지만 우리는 생활하면서 알게 모르게 면적을 사용하고 있어요.

물론 우리 할머니는 원의 면적을 계산하는 법은 몰라요. 하지만 할머니가 만트를 만들 때 자기도 모르는 사이에 면적을 구하는 방법을 쓰고 있답니다.

만트를 만드는 할머니들은 모두 면적 나누기의 달인이에요. 아마 이렇게 만트를 많이 만들다 보면 수학의 달인이 될지도 몰라요!

저녁으로 국수라니!

르자와 샤키르는 매우 친한 친구예요. 두 사람은 같은 동네에서 태어나 같은 학교에 다녔어요. 두 친구는 학교에서 가장 게으르기로 유명했어요. 학교 다니는 내내 게으름을 피우다가 학교를 마치고도 직장을 얻지 못했지요. 게으름이 몸에 배어 있으니 일을 잘할 수 있을 리가요.

어느 날, 샤키르는 르자에게 저녁을 사 주겠다고 했어요. 르자는 날아갈 듯이 기뻤어요. '돈도 못 버는데 이렇게 공짜로 밥을 얻어먹을 수 있다니!'라고 생각하면서요. 샤키르가 사 줄 케밥과 고기 요리를 떠올리자 입에 침이 고였어요. 샤키르와 함께 식당으로 가면서도 르자는 내내 즐거운 상상을 했어요. 두 사람은 식당에 도착해서 창가 쪽 탁자에 앉았어요. 종업원이 메뉴판을 가져다주었어요. 르자는 주문하기 위해 메뉴를 살펴보았어요. 하지만 곧 눈을 의심하며 소리쳤어요.

"이게 뭐야? 국수밖에 없잖아!"

르자는 기대가 무너지자 잔뜩 실망해서 샤키르를 쳐다보았어요.

"식당에 값싼 국수나 먹으러 온 거야? 국수는 우리 집에서도 먹을 수 있어!"

르자는 황당하다는 듯 씩씩거렸어요. 샤키르는 그런 르자를 보고 한참을 웃더니 "그렇게 흥분하지 말고 뭘 먹을지나 골라!"라고 말했어요.

르자는 샤키르에게 너무 화가 나서 메뉴를 제대로 보지도 않고 아무 국수나 골랐어요. 잠시 후 종업원이 탁자에 국수 두 그릇을 놓고 갔어요. 르자는 마지못해 식사를 시작했지요.

"어때? 맛있어?"

샤키르가 묻자 르자는 부루퉁하게 대답했어요.

"흠, 뭐 괜찮아."

"이 국수 한 그릇을 만드는 데 비용이 얼마나 드는지 알아?"

"기껏해야 얼마나 들겠어? 면 한 봉지에 국물 낼 재료들, 거기다 양념 조금?"

"아무리 해 봐야 두 그릇 합쳐서 3000원이 들까 말까지? 그런데 우리가 얼마를 낼 거 같아?"

르자는 웃으며 대답했어요.

"뭐 네가 내겠지."

"국수 한 그릇에 4000원이니까 두 그릇이면 8000원이야. 그럼 얼마나 이익이 남는 거야? 국수 두 그릇에 5000원이 남아. 저녁까지 20그릇을 판다고 치면…….."

"두 그릇에 5000원이 남으면, 한 그릇에는 2500원이 남네. 20그릇을 팔면…… 50000원이잖아. 꽤 괜찮은걸!"

르자는 깜짝 놀라 소리쳤어요. 샤키르가 웃으며 말했어요.

"국수 장사치고는 꽤 괜찮지?"

"그렇네! 더 많이 팔면 더 벌 수도 있어!"

"맞아! 르자, 우리 국수 가게 열까?"

"뭘 기다려. 늦기 전에 어서 열자."

"그래 한번 해 보자."

국수를 먹은 두 친구는 행복하게 식당을 떠났어요.

그러고는 며칠 만에 동네에 가게를 하나 임대해서 꿈에 그리던 국수 가게를 열었어요. 개업 첫날에 방문한 손님들에게는 작은 선물도 준비했어요. 모든 것이 순조롭게 흘러가는 것처럼 보였지요. 그런데 첫 주에 생각보다 손님이 많이 오지 않았어요. 며칠이 더 지났어요. 하루에 손님이 10명도 안 와요. 르자와 샤키르는 계산한 대로 일이 풀리지 않자 몹시 우울해졌어요.

동네 손님 대부분은 피자를 파는 식당에 갔어요. 두 친구는 "사람들이 매일 피자만 먹나?"라며 못마땅하게 생각했지요. 나름 잘 계산했고 손님들도 많이 올 것 같았는데, 무엇이 잘못된 것일까요? 국수의 맛도 훌륭했어요. 두 사람은 며칠 동안 가게가 왜 잘 안 되는지 이유를 엄청나게 고민했어요.

피자 가게 사장인 메흐메트 씨는 식당을 열 때 운에 맡기지 않았어요. 모든 것을 굉장히 꼼꼼하게 준비해서 완벽하게 계획해 두었지요. 메흐메트 씨도 르자와 샤키르처럼 동네에 식당을 열기로 마음먹고는 바로 준비를 시작했어요. 메흐메트 씨는 설문지를 하나 만들어서 지나가는 사람들에게 어떤 음식을 좋아하는지 물었어요. 100명, 200명에게 설문 조사를 한 거예요. 설문 조사 결과에 따르면 이 동네 사람들이 가장 좋아하는 음식은 피자였어요. 메흐메트 씨는 피자 가게를 열었고, 식당은 손님들로 가득 찼어요. 식당이 생각보다 잘되자 메흐메트 씨는 몹시 행복했어요.

르자와 샤키르는 가게를 열 때 수학을 사용했어요. 메흐메트 씨도 수학을 사용했고요. 르자와 샤키르가 사용한 수학은 충분하지 않았지만 메흐메트 씨가 사용한 수학은 부족함이 없었어요. 많은 사람이 일상생활에서 수학을 쓸 때 더하기와 빼기, 곱하기와 나누기, 이렇게 네 가지 연산만 하면 된다고 생각해요.

하지만 사칙 연산만으로는 중요한 문제를 결정하기에 충분하지 않을 수 있어요. 르자와 샤키르가 열었던 국수 가게처럼요.

식당을 열 때에는 더 정확하고 세밀한 자료가 필요해요. 사칙 연산보다 더 강한 수학, 바로 통계 자료가 필요한 거지요. 메흐메트 씨는 통계를 선택해 설문 조사를 했고, 설문 조사 결과를 수학적으로 분석해 가장 인기 있는 음식이 피자라고 결정을 내렸어요.

메흐메트 씨는 꼼꼼하게 준비해 피자 가게를 열었고, 결국 성공했어요. 식당을 열 때 메흐메트 씨가 이용한 방법과 결정이 옳았던 거예요.

생각한 일이 잘될지 걱정된다면 수학의 도움을 받아 보세요. 수학은 우리가 안전한 길을 선택해 올바른 결정을 내릴 수 있도록 도와준답니다.

골치 아픈 수도꼭지 문제는
이제 안녕!

여러분도 수도꼭지 문제 때문에 골치가 아팠던 적이 있나요? 수도꼭지 두 개로 수영장을 채우려면 시간이 얼마나 걸리는지 묻는 문제 말이에요. 교과서나 문제집에 이런 문제가 종종 나와요. 수학을 좋아하는 사람도 이 문제를 보면 도망가고 싶어질 거예요. 이 문제가 어디에서 왔는지, 하늘에서 떨어졌는지 땅에서 솟았는지 아무도 몰라요. 이 수도꼭지 문제는 오래전부터 우리를 괴롭히곤 했어요. 그럼 이제 수도꼭지의 이야기도 한번 들어 볼까요?

나는 수학책에 나오는 수도꼭지예요. 나는 몇 년 동안 책 페이지 사이에 갇혀 있어요. 보기도 싫은 악몽 같은 수학 문제의 주인공이

거든요. 나는 반짝반짝하고 항상 코가 젖어 있는 수도꼭지들과는 아주 다른 삶을 살았어요. 다른 수도꼭지들이 한여름에 열심히 수영장에 물을 채울 때 나는 책 사이에 갇혀 있어야 했으니까요. 나도 이렇게 살고 싶은 것은 아니에요. 다른 수도꼭지들에게 말도 하고 소리도 쳐 보았지만 아무도 듣지 않았어요.

　사람들은 수학책에 있는 문제를 읽으면서 나를 탓했어요. 문제를 풀지 못한 사람은 나에게 화풀이를 했고요. 사람들은 책에서 봐서 나의 모든 것을 알고 있어요. 하지만 전혀 모르는 사실도 있어요. 내가 더운 여름에 일하는 것을 싫어한다고 생각하나요? 나도 다른 수도꼭지처럼 콸콸 물을 쏟으며 일하고 싶어요. 제발 내 말 좀 들어 줘요. 이제 나도 할 말은 해야겠어요. 여러분 앞에서 여러분이 시키는 대로 하는 조용한 수도꼭지는 이제 없어요. 특히 학생 여러분, 난 여러분에게 정말 화가 났어요. 수학책 속 수도꼭지 문제가 그렇게 어렵나요? 수도꼭지 문제를 싹 다 풀어 버릴 수는 없어요?

　나를 이 감옥 같은 책에서 꺼내 줘요. 수도꼭지 문제를 풀면 나도 휴가를 갈 수 있어요. 물론 여러분도 쉴 수 있고요. 어때요? 우리 모두에게 좋은 일 아닌가요?

　불쌍한 수도꼭지의 마음이 잘 느껴지나요?
　"수도꼭지야, 왜 진작 네 고민을 털어놓지 않았어? 너도 휴가를 떠나고 싶었구나. 네 마음을 알았더라면 내가 수도꼭지 문제를 잘 풀려고 노력했을 텐데. 네가 그렇게 슬퍼하는지 정말 몰랐어. 수도꼭지야, 미안해. 정말 미안해!"

이렇게 말하며 수도꼭지 문제에 다시 도전해 볼 수도 있어요. 수도꼭지의 마음을 조금이라도 이해하려고 한다면 수학 문제를 푸는 실력도 쑥쑥 자랄지 몰라요.

사실 이 문제는 요즘 시대에 잘 맞지 않아요. 이제 기술이 발전했잖아요. 수영장 물이 새지도 않고, 수도꼭지 두 개가 다른 속도로 떨어지지도 않아요. 그렇다면 이런 문제를 풀어야 할 필요도 없겠네요. 하지만 아직 마음 놓기에는 일러요. 불행히도 여전히 우리 수학책에는 수도꼭지 문제가 있으니까요.

우리를 계속 괴롭혀 온 수도꼭지 문제를 지금 책상에 꺼내 봐요. 함께 문제를 풀면 좀 더 빨리 풀 수 있을 거예요. 종잇장도 맞들면 낫다고 하잖아요. 우선 한번 생각해 봐요. 여러분은 이 수학 문제를 왜 그렇게 싫어하나요? "싫은데 이유가 있나요?" 라고 한다면 그 말도 맞아요. 우리는 몇 년 동안 이런 수학 문제를 공식을 외워 풀려고 했어요. 공식대로 한 사람은 문제를 풀고, 그렇지 않은 사람은 문제를 풀지 못했지요. 문제를 풀지 못한 사람은 화가 잔뜩 났을 테고요.

하지만 사실 이 문제는 생각만큼 어렵지 않아요. 앞에서 함께 문제를 풀면 더 빨리 풀 수 있다고 했지요? 이제 함께 이 문제를 살펴봐요. 이 문제는 수영장에 물을 채울 때 수도꼭지가 시간에 따라 얼마만큼 물을 채울 수 있는지 계산하는 문제예요. 간단한 문제로 설명해 볼게요.

4800리터의 물을 담을 수 있는 수영장에 수도꼭지 두 개가 있어요. 첫 번째 수도꼭지로 물을 가득 채우는 데는 6시간이 걸리고, 두 번째 수도꼭지로는 12시간이 걸려요. 두 수도꼭지로 이 수영장의 물을 가득 채우는 데 얼마나 걸릴까요?

이 문제에서 중요한 점은 두 수도꼭지를 같은 관점에서 봐야 한다는 거예요. 무슨 말인지 모르겠다고요? 수도꼭지 두 개한테 시합을 시키는 거예요. 그게 다예요. 두 수도꼭지로 한 시간 동안 물을 얼마나 채울 수 있는지 생각해 봐요.

- 첫 번째 수도꼭지로 수영장을 채우는 데 6시간이 걸린다면, 한 시간에는 6분의 1리터가 채워져요. 즉 4800리터÷6=800리터가 채워져요.
- 두 번째 수도꼭지로 수영장을 채우는 데 12시간이 걸린다면, 한 시간에는 12분의 1리터가 채워져요. 즉 4800리터÷12=400리터가 채워져요.
- 두 수도꼭지를 한 시간 동안 틀어 놓는다면 800리터+400리터

=1200리터의 물을 채울 수 있어요. 수영장에 물 4800리터를 담을 수 있으니까 4800÷1200=4, 4시간 만에 수영장을 채울 수 있어요.

어때요? 어렵지 않지요? 하지만 지금까지 우리는 어떻게 이 문제를 풀었나요? 위에서 한 것처럼 차근차근 생각해 보지도 않고 $\frac{1}{6} + \frac{1}{12} = \frac{2}{12} + \frac{1}{12} = \frac{3}{12}$ 이런 식으로 계산을 했을 거예요. 이 분수가 무엇을 의미하는지도 모르고 그냥 공식을 외워서 4800의 12분의 3을 구한 거지요.

위에서 설명한 것을 이해했다면 이 논리를 이용해 수많은 수도꼭지 문제를 풀 수 있어요. 이제 답답해하거나 짜증 내지 마세요. 조금만 생각하면 아무리 어렵게 보이는 문제도 풀 수 있어요. 수도꼭지 문제로 골머리를 썩이듯, 우리의 인생에서도 힘든 문제를 맞닥뜨릴 수 있어요. 하지만 사실 모든 상황은 관점만 바꾸면 쉽게 해결할 수 있답니다.

어려운 문제가 있다면 함께 머리를 맞대고 생각해 보세요. 수학적으로 말하건대, 분명 시간을 절약할 수 있답니다.

꽃잎으로 점치기

꽃잎으로 점을 보는 법을 알고 있나요? 보통 상대가 나를 사랑하는지 알고 싶어서 꽃잎 점을 봐요. 꽃잎을 하나씩 떼면서 "좋아한다", "싫어한다"를 반복해서 말해요. 마지막 꽃잎을 뗄 때 "좋아한다"면 상대가 당신을 사랑한다는 뜻이에요. 만약 "싫어한다"면 마음을 접는 게 좋아요. 당신을 사랑하지 않는다는 뜻이니까요. 물론 꽃잎 점이 정말 맞는 것은 아니에요. 그래도 사람들은 이런 식으로 꽃잎으로 운을 점쳐 보곤 한답니다.

알리와 아이셰는 서로 사랑하는 사이예요. 알리는 똑똑한 소년이고 아이셰는 예민하고 감성적인 소녀예요. 두 사람의 사랑은 세상에 길이길이 남을 정도로 대단하지는 않지만 두 사람은 온 마음을 다해 서로를 깊이 사랑했어요. 알리는 아이셰에게 푹 빠져서 아이셰가 세상에서 가장 아름답다고 생각했어요. 두 사람은 기회가 있을 때마다 마을의 한적한 정원에서 만났어요. 알리는 봄을 맞이하여 데이지꽃 한 움큼을 따서 아이셰에게 줬어요. 아이셰가 데이지꽃을 좋아한다는 것을 알고 있었거든요. 아이셰는 데이지꽃으로 점을 보는 것도 좋아했어요.

알리가 아이셰에게 데이지꽃을 가져올 때마다 아이셰는 꽃잎 점을 봤어요. 아이셰는 꽃잎 점을 볼 때 한 번이라도 "싫어한다"로 끝나면 슬퍼하곤 했어요. 알리가 아무리 아이셰를 사랑한다고 말

해도 소용없었지요. 아이셰는 꽃잎 점이 사실이 아니라는 걸 알지만 슬퍼지는 마음을 어쩔 수는 없었어요. 그래서 알리는 대신 다른 방법을 찾기로 했지요.

알리는 며칠 동안 고민했어요. 알리는 똑똑한 소년이에요. 고민 끝에 알리는 마침내 좋은 해결책을 찾았어요. 알리의 얼굴에 웃음이 번졌어요. 알리는 아이셰와 만날 날을 손꼽아 기다렸어요. 드디어 그날이 왔어요. 알리는 아이셰를 만나러 가는 동안 들판에서 데이지꽃을 따서 모았어요. 알리가 아이셰에게 데이지 꽃다발을 건네자 아이셰는 기쁘게 받았지요. 아이셰가 손에 든 꽃다발에서 데이지꽃 한 송이를 꺼내자 알리는 살짝 미소를 지었어요. 알리는 마음 편히 기다렸어요. 이번에는 꼭 "좋아한다"가 나올 거라고 확신했거든요.

아이셰는 데이지꽃의 꽃잎을 따기 시작했어요.

"좋아한다, 싫어한다, 좋아한다, 싫어한다…… 좋아한다!"

아이셰는 "싫어한다"가 나와도 바로 믿지 않았지만 "좋아한다"가 나와도 마찬가지였어요. 아이셰는 데이지꽃 한 송이를 더 꺼내 다시 꽃잎을 따기 시작했어요.

"좋아한다, 싫어한다…… 좋아한다!"

한 송이, 또 한 송이 계속 꽃잎을 땄어요. 그런데 모두 다 "좋아한다"로 끝났어요. 아이셰는 놀랐지만 행복했어요. 알리의 계획이

먹힌 거예요. 알리는 속으로 생각했어요.

'아이셰는 나보다 데이지꽃을 더 믿는군. 내가 수학을 얼마나 잘하는지는 모르겠지! 하지만 시간이 지나면 알게 될 거야.'

이제 아이셰는 알리가 자신을 정말 사랑한다는 것을 믿게 되었답니다.

과연 알리는 아이셰를 설득하기 위해 어떤 방법을 썼을까요? 설명하기 전에 여러분도 알리가 어떤 해결책을 찾았을지 한번 생각해 보세요.

우선 데이지꽃을 살펴봐요.

알리는 아이셰를 만나러 가는 길에 데이지꽃을 따서 모든 데이지꽃의 꽃잎을 세어 보았어요. 그러고는 꽃잎이 홀수인 것은

가져오고, 짝수인 것은 가져오지 않았지요. 꽃잎이 홀수인 데이지꽃이 "좋아한다"로 끝나니까요. 아래에 꽃잎 7개가 있는 데이지꽃으로 꽃잎 점을 본 것이에요.

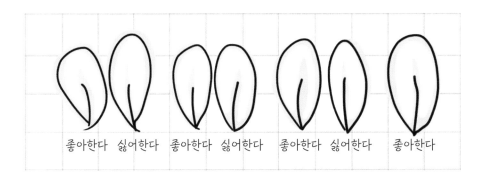

이번에는 꽃잎이 9개인 데이지꽃을 살펴보아요.

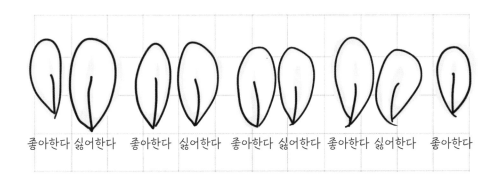

이번에도 "좋아한다"로 끝났어요. 사랑에 빠진 소년 알리는 자신이 원하는 대로 수학을 사용했고 결국 원하는 것을 이루었

어요. 겉보기에는 아무것도 아닌 수학적 장치가 큰일을 이룰 수 있어요. 가만히 있지 말고 원하는 것을 이루기 위해 머리를 굴려 보세요.

알리는 현명한 방법으로 아이셰의 믿음을 얻었어요,
이처럼 수학은 사랑을 더욱 굳건하게 만들기도 해요,

수학 시간에 배우는 도덕

수학 시간에 선생님이 선의 개념을 설명하고 있어요.

"수학에서 선은 무한한 점으로 이루어져 있어요. 점들은 한 줄에 달린 구슬처럼 길게 늘어서서 끝도 없이 계속 뻗어 나가지요. 이 점들이 모이면 곧은 선처럼 보여요. 아래 선에서 좌우로 그려진 화살표는 선이 무한대로 뻗어 나간다는 것을 나타내요."

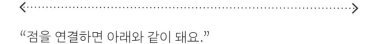

"점을 연결하면 아래와 같이 돼요."

선을 설명한 뒤 선생님이 다시 말했어요.

"이제 여러분 차례예요. 우리 주변에 있는 선을 찾아볼까요?"

학생들은 열심히 손을 들었어요. 누구는 쭉 뻗은 길을 말했고, 누구는 끝도 없이 긴 밧줄을 말했어요. 누구는 기차선로를, 누구는 전선을 댔지요. 선생님은 학생 몇몇의 말을 듣고는 페르핫에게 순서를 넘겼어요. 페르핫은 매우 자신 있는 목소리로 다음과 같이 말했어요.

"선생님이요."

선생님은 "그래요, 나는 선생님이죠."라며 미소 지었어요. 선생님이 이해하지 못하자 페르핫은 다시 소리쳤어요.

"선생님, 바로 선생님이라고요!"

선생님은 무슨 말인지 몰라 어리둥절했어요. 반 전체가 조용해졌어요. 선생님도 학생들도 페르핫의 말이 무슨 뜻인지 곱씹어 봤어요. 선생님의 놀란 얼굴을 본 페르핫이 덧붙였어요.

"선생님, 거짓말하는 것은 나쁜 거잖아요. 정직한 것이 선 아니에요? 그러니까 선생님이 선이라고요."

모든 학생이 웃음을 터트렸어요. 페르핫은 수학에서 말하는 선을 올바르고 착한 것을 가리키는 선(善)과 혼동한 거예요. 페르핫은 자신의 말에 모두가 웃는 것을 보고 '도대체 뭐가 웃긴 거지?'라고 생각했어요. 선생님도 웃으며 학생들을 조용히 시켰어요. 그날 있었던 일은 몇 년이 지나도 잊을 수 없는 추억거리가 되었답니다.

여러분도 페르핫이 어처구니없는 실수를 했다고 생각하나요? 페르핫이 무엇을 잘못한 걸까요? 사실 생각해 보면 틀린 말도 아니에요. "숫자 A가 숫자 B보다 크다."라는 문장을 A>B처럼 기호로 나타낼 수 있다면, 정직한 사람을 쭉 뻗은 선으로 나타내는 것도 일리가 있지요.

우리가 살아가는 데 있어서 진실함과 정직함은 수학에서의 직선과 매우 비슷해요. 한 방향으로 죽 늘어서 있는 점들은 흐트러짐 없이 올곧아요. 각 점들이 올곧게 서 있을 때 선이 되듯이 정직한 사람들은 거짓이 섞이지 않은 진실한 말을 해요. 선에 있는 각 점들이 정직한 한 사람이라고 가정해 봐요. 그렇다면 페르핫이 말한 것처럼 수학의 직선과 인생의 정직함을 같은 틀에 넣고 생각하는 것이 전혀 우스꽝스럽지 않아요. 사실 이런식으로 받아들이면 우리가 이해하지 못했던 수많은 수학 용어들을 이해할 수 있답니다.

· 정직한 사람: 태어나서 죽을 때까지 죽 거짓말을 하지 않는 사람

· 정직한 사람을 수학으로 표현하면?: 직선

모두가 궁금해하는 유명한 질문이 있어요! 수학은 과연 어디에서 온 걸까요? 수학이 지금 우리 앞에 나타난 걸까요, 아니면 우리가 수학 앞에 나타난 걸까요?

우리는 수학 시간에 선에 대해 배우면서 정직함에 대해서도 배웠어요. 수학 시간에 도덕까지 배우다니 정말 멋지네요! 이제 우리는 거짓말에 대해서도 잘 알게 되었어요. 거짓말은 할 때마다 새로운 거짓말을 낳아요. 거짓말이 얼마나 눈덩이처럼 커지는지 알면 아마 깜짝 놀랄걸요.

수학은 우리에게 숫자나 기호를 알려 줄 뿐만 아니라 인간에 대해서도 알려 준답니다.

나도 수학적 모델링을
할 수 있다고?

아슬르는 쇼핑을 정말 좋아해요. 어떤 매장에서 어떤 상품을 할인하는지, 할인율은 얼마인지 모든 것을 알고 있지요. 돈이 있든 없든 상점들을 샅샅이 뒤져서 원하는 것을 찾아내요. 옷장에는 한 번도 입지 않고 가격표도 떼지 않은 옷들이 가득하고요.

아슬르의 못 말리는 쇼핑 사랑 때문에 누군가가 골머리를 썩이고 있어요. 누구일까요? 바로 아슬르의 남편 아흐메트예요. 하지만 아슬르 덕에 아흐메트가 잘하는 것이 하나 생겼답니다. 수학적 모델링을 척척 하게 된 거예요.

"그게 무슨 말이에요? 수학적 모델링이 뭔데요?"

이렇게 묻는 목소리가 들리는 것 같네요. 그럼 다음 상황을 보고 찬찬히 생각해 봐요!

어느 날, 아슬르는 엄청난 쇼핑을 하고 집에 왔어요. 아흐메트는 문 앞에서 사랑하는 아내를 맞이했어요. "어서 와, 내 사랑."이라고 말했지만 아슬르의 손에 들린 쇼핑백에서 눈을 뗄 수가 없어요. 아슬르는 집 안으로 들어서자마자 이번 쇼핑은 어땠는지 이야기하기 시작했어요. 아슬르가 이야기하는 동안 아흐메트는 머릿속으로 아슬르가 산 물건들의 가격을 계산하려고 했지요.

이렇게 아흐메트가 머릿속으로 계산하는 것도 수학적 모델링이라고 할 수 있어요. 우리 생활에서 자주 벌어지는 상황이지요. 이렇게 일상생활에서 벌어지는 문제를 수학적으로 생각해 해결하는 과정을 수학적 모델링이라고 해요. 때로는 기호나 공식으로 나타낼 수도 있고, 그래프나 그림으로 그릴 수도 있어요. 이미 우리 모두는 수학적 모델링을 하고 있어요. 예를 하나 들어 볼게요. 그럼 훨씬 더 쉽게 느껴질 거예요.

바로 질문 하나 할게요. 당신은 몸무게가 많이 나가나요? 아니면 적게 나가나요?

"무슨 질문이 그래요? 누구랑 비교해서 몸무게가 많이 나간다는 거예요? 기준이 뭔데요?"

이렇게 물을 수도 있겠지요. 그럼 과학적 자료에 따라 답해 보세요.

"내가 과학적 자료를 어떻게 알아요?"

그럼 더 정확하게 말할게요. 우리가 비만인지 아닌지 알아보기 위해 항상 측정하는 것이 있어요. 바로 체질량 지수예요. 이 말을 모른다 해도 "몸무게를 키의 제곱으로 나눠 보세요."라는 말은 들어 봤을 거예요.

이 공식을 이미 아는 사람도 있지요? 몸무게를 키의 제곱으로 나눈다는 공식으로 체질량 지수를 구할 수 있어요. 친구들끼리 이미 다 계산해 봐서 알고 있을지도 몰라요. 몸무게에 관한 것은 물결이 번지듯 금세 퍼지는 경향이 있으니까요.

체질량 지수를 구하는 것도 수학적 모델링이에요. 이 공식은 모든 사람에게 적용할 수 있고, 사람마다 다른 결과를 내요. 체질량 지수는 몸무게를 키의 제곱으로 나누어 계산해요. 키의 제곱은 키와 키를 곱한다는 뜻이에요. 키×키죠.

체질량 지수 구하는 법: 몸무게÷(키×키)

자신이 뚱뚱한지 아닌지 알고 싶다면 위의 공식으로 계산해 보세요. 몸무게를 재고, 키를 제곱한 것으로 나눠요. 그런 다음 결과를 보고 내 몸무게가 많이 나가는지 아닌지 판단하면 돼요. 이 공식에 따라 결과가 25 미만이면 정상, 25에서 30 사이면 조금 과체중, 30이 넘으면 비만이에요. 예를 들어 키 168센티미터에 몸무게가 65킬로그램인 사람을 이 공식에 대입해 볼게요. 키는 미터 단위를 쓰기 때문에 1.68미터로 적을게요.

체질량 지수: $65 \div (1.68 \times 1.68) = 65 \div (2.8224) = 23.03$

나온 값이 25보다 작기 때문에 이 사람은 정상 체질량 지수를 가지고 있어요.

이것 봐요. 여러분도 수학적 모델링을 할 수 있지요? 당장 여러분의 체질량 지수를 계산해서 과체중인지 아닌지 알아봐요!

수학과 상상의
사랑 이야기

상상력과 수학이 만나면 많은 것을 이룰 수 있어요.

옛날 어느 나라에 '수학'이라는 이름을 가진 사람이 살았어요. 그의 집은 엄청 높은 산꼭대기에 있는 커다란 나무들 사이에 있었어요. 아무도 그를 본 적 없었고, 아무도 그가 어떤 사람인지 알지 못했어요. 하지만 모두가 그를 잘 아는 것처럼 말했지요. 어떤 사람은 그가 엄청난 부자라고 말했고, 어떤 사람은 그가 존경할 만한 사람이라고 했어요. 또 어떤 사람은 그가 주변 사람들에게 하루 종일 명령을 내린다고 했고, 어떤 사람은 그가 심술을 부리며 사람들을 괴롭힌다고도 했지요. 또 어떤 사람은 그가 정말 못생겼다고도 얘기했어요.

수학이라는 사람의 이야기는 여러 날, 여러 달에 걸쳐 전해져 내려왔어요. 그러다 온 세상 구석구석으로 퍼져 나가 유명한 전설이 되었지요. 모두가 그에 대해 얘기했지만, 용기를 내 수학이라는 사람의 집에 찾아간 사람은 아무도 없었어요.

　한편 꽃밭이 가득 펼쳐져 있는 어느 마을에 아름답고 똑똑하고 용감한 소녀가 살았어요. 그 소녀의 이름은 '상상의 힘'이었어요.

　'상상의 힘'이라는 소녀는 수학의 이야기를 들었어요. 소녀는 시간이 갈수록 수학이라는 사람이 궁금해졌어요. 상상(이제 줄여서 상상이라고 부를게요.)은 소문만 무성한 수학이 실제로는 어떤 사람인지 매우 알고 싶었어요. 상상은 눈으로 보지 않은 것은 믿지 않거든요. 소녀는 모든 용기를 모아 수학의 집에 찾아가기로 했어요. 용기 있는 소녀는 당장 준비해서 출발했어요. 몇 시간이 지나자 커다랗고 위풍당당한 나무들이 있는 숲에 도착했어요. 소녀는 수학의 집에 가까이 왔다는 것을 깨달았어요. 소녀는 수학의 집이 이렇게 가깝다는 것이 믿기지 않았어요. '이렇게 가까운데 왜 아무도 그를 보러 오지 않았을까?'라고 생각했지요.

　조금 더 가니 거대한 문이 나타났어요. 사람 세 명 정도 높이에, 사람 스무 명 정도 되는 너비의 문이었지요. 상상이 문을 지켜보고 있는데 갑자기 문이 활짝 열렸어요. 아무 생각 없이 안으로 들어간 상상은 녹색 잎사귀가 우거진 각진 벽을 마주했어요. 이 벽들 사이로 길이 이어져 있었어요. 길을 걷던 상상은 자신이 거대한 미로에 있다는 것을 깨달았어요. 상상은 미로에서 길을 잃지 않기 위해 지나온 길에 표시를 해 두었어요. 몇 번이고 막다른 길에 다다랐지만 상상은 표시를 남긴 덕분에 다시 길을 찾을 수 있었지요. 참을성 있게 나아간 상상은 곧 길의 끝에 도달할 수 있었어요. 미로의 끝에는 서로 다른 색의 문 세 개가 있었어요. 상상은 어느 문을 고를지 결정하지 못하고 고민했어요. 결국 노란색, 파란색, 초록색 문 중에서 초록색 문을 선택하기로 했지요. 초록색은 노란색과 파란색이 섞인 색이니까요.

상상의 생각이 옳았어요. 손을 대는 순간 초록색 문이 활짝 열렸어요. 문을 열자 문과 같은 색의 넓은 정원이 나타났어요. 상상의 결단력과 용기 덕분에 마침내 목적지에 도착한 거예요. 아름다운 소녀는 한동안 이 엄청난 정원 앞에서 움직이지 않고 가만 서 있었어요. 눈앞에 펼쳐진 정원과 집, 꽃, 나무들은 너무나 멋졌어요. 소녀는 아름다운 정원을 한동안 가만히 지켜보다가 누군가가 자신을 바라보고 있다는 것을 깨닫고 깜짝 놀랐어요.

'수학이라는 사람은 무서운 얼굴에 몸집도 큰 데다 비열하고 사악하다고 했는데⋯⋯.'

하지만 수학은 소문처럼 못생기거나 사악하지 않았어요. 바로 그날 상상과 수학은 사랑에 빠졌어요. 흙, 나무, 꽃, 동물들이 두 사람의 아름다운 사랑의 증인이 되어 주었지요. 이곳에서 시작된 사랑은 돌을 던진 호수에 퍼져 나가는 물결처럼 온 나라에 퍼졌어요. 얼마 지나지 않아 상상은 수학을 사람들에게 소개했어요. 그가 무섭다고 말했던 사람들은 부끄러워했어요. 그가 착하다고 말했던 사람들은 그를 자랑스럽게 여겼고요.

상상과 수학 덕분에 이 세상은 사랑이 넘치는 평화로운 곳이 되었어요. 상상과 수학은 풀리지 않는 모든 문제를 해결하고 질서를 되찾았어요. 수학은 이제 정의로운 조언자가 되었어요. 상상 덕분에 모두가 수학이 들리는 소문과는 다르다는 것을 깨달았어요. 세월이 흐르고 시대가 바뀌었지만 이들의 사랑은 잊히지 않고 계속 전해져 내려오는 전설이 되었답니다.

상상의 힘은 예술가의 팔레트와 같아요. 색이 있어야 멋진 그림을 그릴 수 있듯이, 수학도 상상력이 있어야 기발한 생각을 펼칠 수 있답니다.

수학에도
상상력이 필요해!

아이셰는 수학 문제를 아주 잘 풀어요. 아이셰는 문제를 풀 때 연필을 움직이지도 않아요. 먼저 주변을 살펴본 다음 책 뒤편에 있는 정답지를 보거든요. 그러고는 문제의 정답을 스스로 찾은 것처럼 적어 넣지요. 이렇게 아이셰는 행복하고 평화로운 모습으로 수학 문제를 풀었어요. 아이들은 아이셰가 어떻게 모든 문제를 척척 다 푸는지 궁금해했고요.

하지만 이번 시험에서는 정답지를 볼 수가 없었어요. 아이셰는 스스로 문제를 풀어 보려고 했지만 마음처럼 잘되지 않았어요. 며칠 후 수학 시험 성적이 나왔어요. 예전이라면 즐겁게 으스댔겠지만 이번에 아이셰는 잔뜩 풀이 죽었어요.

'역시 난 수학이 싫어. 수학은 나랑 정말 안 맞아.'

아이셰는 결국 자신한테는 수학 문제를 풀 능력이 전혀 없다고 결론 내렸지요.

그날 아이셰는 이번 수업이 수학이라는 것을 까맣게 잊고 있었어요. 교실에 들어서자마자 칠판에 "2교시: 수학"이라고 적혀 있는 것이 보였어요. 아이셰는 배가 살살 아파 오는 것 같았어요.

'지금 당장 순간 이동을 해서 다른 곳으로 갈 수 있다면 얼마나 좋을까.'

아이셰는 한숨을 푹 내뱉으며 이렇게 생각했어요. 그러고는 무거운 마음으로 자리에 앉았지요.

잠시 후, 문이 열리고 처음 보는 사람이 들어왔어요. 이 사람은 누구일까요? 아무도 소리를 내지 않고 서로만 바라봤어요. 모두의 눈이 놀라움으로 반짝였고 마음속에는 호기심이 가득했어요. 남자는 잘 다려진 정장을 말끔하게 빼입고 있었어요. 진지한 얼굴이었지만 다정해 보였지요. 수수께끼의 남자는 새로 온 수학 선생님이었어요.

선생님은 아이들에게 자신을 소개하고는 곧바로 수업을 하려고 했어요. 모두 수업을 달가워하지는 않았지만 호기심 가득한 눈으로 선생님의 말씀을 들었지요. 선생님의 말투는 차분했고 말솜씨도 무척 좋았어요. 선생님은 곧바로 수업을 진행했어요. 먼저 칠판에 긴 선을 수직으로 그렸어요. 교실은 조용했어요. 모두 마법에라도 걸린 듯이 선생님의 말씀을 들었지요. 마치 태어나서 처음 듣는 것처럼요. 아이셰도 선생님의 말씀을 들었어요. 아이셰가 숨을 들이마시자 가슴속이 공기로 가득 찼어요.

잠시 후, 선생님은 칠판에 질문 하나를 적었어요. 27명 중에서 15명이 답을 말하기 위해 손을 든 거예요. 아이셰도 들었지요. 수학 시간에 처음으로 손을 든 거예요. 조금 전 칠판에 적힌 내용들이 머릿속에서 짧은 영화처럼 움직였어요. 상상력을 더하자 칠판에 적힌 모든 것들이 갑자기 살아났어요! 수직선은 긴 길이 되었어요. 가운데에 있는 숫자 0은 동네 놀이터예요. 숫자들은 일렬로 서 있는 동네 친구들이고요. 갑자기 모든 것이 이해가 되기 시작했어요. 문제의 정답을 찾기 위해 특별한 노력을 하지 않았는데도요.

하지만 선생님의 눈이 발표할 학생을 찾아 두리번거리자 아이셰는 배 속이 꿈틀거리기 시작했어요. 아이셰는 손을 든 것을 후회했어요. 지금 손을 내릴 수도 없는데. 식은땀이 흘렀어요.

'괜히 손을 들었나? 잘못된 답이면 어쩌지? 아, 손 들지 말걸.'

아이셰는 '제발 저를 보지 마세요. 제발 저를 보지 마세요.'라며 속으로 되뇌었어요. 그때 자신을 바라보는 두 눈동자와 마주쳤어요. 선생님은 아이셰에게 답을 말해 보라고 했어요. 아이셰는 가슴이 너무 콩닥거려서 말이 잘 나오지 않았어요. 일단 침을 삼키고 마음을 다잡는데 자신도 모르는 사이 입에서 대답이 튀어나왔어요.

그 순간 전기가 끊긴 것처럼 모든 것이 어두워졌어요. 곧 작은 소리가 들리더니 다시 주위가 환해졌어요.

"그래, 잘했구나! 너 이름이 뭐니?"

"아이셰요."

"축하해, 아이셰. 정답이야."

아이셰는 믿을 수가 없었어요. 어디 아이셰뿐일까요? 모두가 어리둥절한 눈으로 아이셰를 쳐다보았어요. 아이셰의 얼굴에 웃음 꽃이 피었어요. 아이셰의 뺨은 흥분으로 붉게 물들었지요. 몸 안에 뜨거운 행복감이 퍼지자 오히려 기분 좋은 시원함이 느껴졌어요. 마치 날개 달린 새가 되어 하늘을 나는 것 같았어요. 아이셰는 행복해서 자꾸 웃음이 나왔어요. 예전에 그 자신만만했던 모습도 다시 돌아왔고요. 아이셰는 자신의 상상력에 고마워했어요.

그날 이후, 아이셰의 인생은 완전히 바뀌었어요. 이제 아이셰는 수업을 매우 집중해서 들어요. 듣고, 읽고, 그리고 문제를 풀기 전에 상상력을 동원해요. 그러고는 모든 것이 살아 움직이는 상상의 세계에서 영화를 보듯 지켜보지요. 숫자를 주인공으로, 문제를 영화 대본으로 바꿔서요. 이렇게 즐겁게 문제를 풀면 짧은 시간 안에 정답을 찾을 수 있어요. 아이셰는 아직도 이 즐거운 사실이 믿기지 않는답니다.

아이셰는 수학에도 상상력을 발휘할 수 있다는 것을 깨닫자 수학 시간이 즐거워졌어요. 아이셰는 자신과 같은 친구들을 위해 짧은 메모를 남겼어요.

문제를 보았을 때 나는 머릿속에 떠오르는 것들을 비웃곤 했어요. 머릿속에 말도 안 되는 영화가 흘러갔지만 나는 그 영화에 전혀 신경 쓰지 않았지요. 실수를 두려워하지 마세요. 성공은 실수를 해야지만 얻을 수 있으니까요.

헛소리가 만드는 논리

여러분은 논리적으로 생각하는 법을 배울 수 있다고 생각하나요? 어떤 의견이든 좋으니 한번 생각해 봐요. 여러분 중에는 논리가 부족해도 나중에 배울 수 있다고 생각하는 사람도 있을 테고, 논리적인 생각은 태어날 때부터 타고나는 재능이라고 생각하는 사람도 있을 거예요. 과학자들의 말에 따르면 논리력은 훈련을 통해 충분히 발달시킬 수 있다고 해요. 이런 재능이 태어날 때부터 타고난다고 주장하는 사람은 실망할 수도 있겠네요.

우리 모두는 학교를 다니기 전부터 논리적으로 생각하는 능력을 키워 왔어요. 지금 이 책을 읽고 있는 사람이라면 지금 학교를 다니고 있거나 예전에 학교를 다녔을 거예요. 분명 학교에서 많은 추억을 쌓았을 테지요. 수학 시간에 관련된 추억도 분명히 있을 거예요. 좋은 추억이든 나쁜 추억이든 수학에 관한 추억은 모두 하나씩은 있기 마련이잖아요.

우리는 학교를 입학한 첫해부터 수학 수업을 들었어요. 수학은 형체도 없고 우리 생활에서 멀리 떨어져 있는 것처럼 보이지만, 수학을 하려면 생각하는 힘이 있어야 해요. 그러니까 우리는 논리적으로 생각하기 위해 수학을 배우는 거예요. 물론 우리는 학교 다니는 내내 수학이 우리 삶에 도움을 준다고는 생각하지 않았을 거예요. 하지만 우리가 살아가면서 마주치는 모든 상황에서 수학은 논리적인 결정을 내릴 수 있게 도움을 준답니다.

"수학이 무슨 쓸모가 있나요?"라고 끊임없이 묻는 사람에게 이렇게 말할게요. 수학은 논리적으로 생각하는 힘을 키워 줘요! 물론 이건 수학이 우리에게 주는 이점 중 하나일 뿐이에요. 생각해 보세요. 수학을 잘하는 사람은 자동차를 주차할 때도 더 잘해요. 돈도 현명하게 쓸 수 있고요. 집을 도배할 때도 필요한 페인트 양과 비용을 미리 정확하게 계산할 수 있어요. 욕실을 수리할 때도 면적당 타일이 얼마나 필요한지 미리 계산할 수 있고요. 물건을 살 때도 쉽게 사기를 당하지 않을 거예요. 요리를 할 때도 재료의 양을 잘 맞춰 맛있는 음식을 만들 수 있고요. 한마디로 수학적으로 생각하면 논리적인 해결책을 찾을 수 있어요!

의사, 변호사, 기술자, 건축가, 경제학자, 상인, 목수 모두 수학을 잘 알아야 해요. 어떤 직업이든 간에 모든 일에는 수학이 들어 있어요. 일을 잘 처리하기 위해서는 논리적인 결정을 내려야 하니까요.

"아이고, 난 이미 늦었어."라고 말하는 사람이 있다면 지금이라도 늦지 않았다고 말하고 싶어요. 여러분이 성인이든 학생이든 어린이든 간에 지금이라도 노력하면 논리적으로 생각하는 힘을 키울 수 있어요. 몇 가지 방법을 알려 줄게요.

첫 번째, 헛소리를 하세요. 내가 지금 헛소리를 한다고 생각하나요? 우리는 정말 헛소리를 해야 해요. 헛소리를 하면서 실수를 하고 또 해야 하지요. 우리는 실수를 하면 잘못된 행동을 했다고 생각하며 자신에게 화를 내요. 이렇게 생각하는 것이야말로 잘못된 거예요. 이런 생각은 어서 버리세요. 실수를 두려워하지 말고 마음껏 헛소리를 하세요. 실수를 통해 배우는 것이 훨씬 오래가고 확실하게 머리에 남는답니다.

두 번째, 자신감을 가져요. 자기 자신을 믿지 않는 사람이 무엇을 잘할 수 있을까요? '누가 내 말을 무시하진 않을까? 헛소리를 하면 다들 비웃겠지? 이걸 하는 게 시간 낭비는 아닐까?' 이런 생각이 든다면 모두 제쳐 두세요. 여러분이 무슨 생각을 하는지 모든 사람이 다 알 필요는 없어요. 그리고 반드시 여러분의 생각을 표현할 필요도 없고요. 주변 사람을 신경 쓰면 자기가 하고 싶은 말을 마음껏 할 수가 없어요. 자신감을 갖고 적극적으로 행동하고 도전해야 해요. 움츠러들 때면 아래의 시를 꼭 기억하세요.

한 방울의 논리로

커다란 생각의 구름을 만들 수 있어요!

두려워하지 마세요!

바보 같은 질문들을 비처럼 쏟아 내요.

우리도 모르는 사이에

잘못된 질문이 올바른 방향으로 이끌어 줄 거예요.

잊지 마세요. 논리적으로 생각하는 힘은 말도 안 되는 말을 많이 해야 얻을 수 있답니다.

A 도시에서 B 도시까지 가는 데 걸리는 시간은?

"A 도시에서 B 도시까지 가는 데 시간이 얼마나 걸릴까요?"

이 질문을 읽은 여러분은 멍한 표정을 짓고 있겠지요. 그런 표정 짓지 마세요! 네, 제대로 읽었어요. 잘못 읽은 게 아니에요.

"무슨 질문이 이래요? 이런 질문이 어디 있어요? 아무 숫자도 없잖아요!"라고 하겠지요. 만약 숫자가 있었다면요? 아마 질문을 이해하려고 하지도 않고 숫자만 봤을 거예요. 알고 있는 모든 공식이나 방법을 동원해 문제를 풀려고 하다가 잘 안 풀리면 질문이 잘못됐다고 하면서 도망가겠지요. 아닌가요? 물론 질문을 제대로 읽고 이해한 사람도 있을 거예요. 내 말에 기분 나빴다면 미안해요.

이 질문은 그냥 던진 것이 아니에요. 우리 모두 지난 몇 년 동안 수학책에서 이런 문제들을 봤어요. 하지만 우리 중 대부분이 이해하지 못했을 거예요. 숫자가 있었다면 어땠을까요? 문제를 풀었더라도 외우고 있는 수학 공식을 이용해서 풀었을 거예요. 마치 수학 문제 공략법이라도 있는 듯 "문장에서 이게 보이면 이렇게 하고, 이 단어가 보이면 이렇게 하고……, 문제에 숫자 두 개가 있으면 곱하고, 숫자 세 개가 있으면 빼고……." 이런 식으로 문제를 풀었겠지요. 이렇게 답을 맞히면 마치 자신이 수학을 잘하는 것처럼 느껴졌을 테고요.

다시 좀 전에 이야기했던 문제로 돌아가 봐요. 먼저 상상의 창을 활짝 열고 생각해 보세요. 여러분은 A 도시에서 B 도시로 멋진 여행을 하고 있어요. 좋은 자동차를 타고 가장 좋아하는 음악을 들으며 달리고 있지요. 속력을 좀 더 내 보죠. 하지만 과속은 안 돼요! 이제 푸른 나무 숲 사이의 길을 지나요. 주변은 조용하고 평화로워요. 조금 더 가 보세요. 조금 더……. 이제 멈추세요! 여기까지가 우리 상상의 첫 번째 단계예요.

다시 질문으로 돌아가 보죠. 처음 질문을 읽었을 때 놀랐었지요? 나라면 꽉 막힌 벽에 부딪힌 것 같다고 느꼈을 거예요. 만약 수학 문제를 읽었을 때 꽉 막힌 벽에 부딪힌 것 같다면 우선 논리적으로 생각해야 해요. 이전 장에서 말했던 것을 기억하세요. 그다음 맞든 틀리든 머릿속에 떠오르는 모든 것을 행동으로 옮겨 보세요. 여기서 중요한 것은 머릿속에 떠오르는 생각을 부끄러워하지 말고 무엇이든 끄집어내는 거예요. 다음 페이지의 그림에서처럼 아무 생각이나 마음껏 떠올려 봐요.

자, 그럼 질문을 다시 읽어 볼게요.

"A 도시에서 B 도시까지 가는 데 시간이 얼마나 걸릴까요?"

이 질문을 읽으면 어떤 것들이 떠오르나요? 약간의 논리를 이용해서 우리 머릿속을 어리석은 질문들로 가득 채워 봐요. 정말 어리석은 질문도 괜찮아요.

여기서 한 가지 방법을 알려 줄게요. 약간의 논리를 이용할 때(논리적으로 생각하는 것이 힘들다면 '약간'의 논리만 이용해도 좋아요.)는 이런 방법을 써 보세요. 혼자 있다면 생각을 입 밖으로 내 큰 소리로 말해 보세요. 나를 믿어요. 소리를 내 생각하는 것이 꽤 도움이 될 거예요. 생각을 큰 소리로 말하면서 스스로가 무엇을 잘못하고 있는지 돌아봐요.

이제 어느 정도 자신이 붙었다면 약간의 논리만으로도 더 괜찮은 생각을 끌어낼 수 있을 거예요.

아까 스스로가 무엇을 잘못하고 있는지 생각해 보라고 했지요? 화도 한번 내 보세요. 이런 식으로 머릿속에 떠오른 생각 중 헛소리 같은 생각들을 하나씩 지워 나가는 거예요. 그럼 결국에는 가장 논리적인 생각만 남아요. 그것이 바로 문제의 답에 더

가까이 다가갈 수 있는 열쇠예요.

"내 생각 중에는 논리적인 것이 하나도 없어요."

이런 변명은 받아들일 수 없어요. 많은 생각을 떠올리다 보면 분명 하나쯤은 건질 것이 있어요! 조금 전 그림에서 머릿속에 떠올렸던 생각들을 다시 한번 살펴봐요. 질문을 받고 '그걸 내가 어떻게 알아?' 이런 생각을 떠올렸지요. 이렇게 되물었다면 분명 뭔가를 알고 있는 거예요. 이 문제에 답을 하려면 무언가가 필요하다는 것을요. 그것이 무엇일까요?

A 도시에서 B 도시까지 가는 데 시간이 얼마나 걸리는지 알려면 다음과 같은 질문이 더 필요해요.

"자동차의 속도는 얼마지?"

"A 도시와 B 도시 사이의 거리가 몇 킬로미터야?"

"급한 일이라서 빨리 가야 하나? 아니면 천천히 가도 되나?"

"도로에 제한 속도가 얼마지?"

"거리를 속도로 나눠야 하는데⋯⋯."

그래요, 이런 식으로 생각하는 거예요! 어렵지 않지요? 생각을 하면서 여러분은 이미 정답을 찾았어요. 이런 식으로 생각한다면 어떠한 문제에 부딪혀도 해결해 나갈 수 있어요. 특히 수학 문제를 풀 때처럼 꽉 막힌 벽에 부딪힌 것 같다면 우선 논리적으로 생각하려고 해 보세요. 숫자와 관계없이 먼저 문제를 이해하려고 노력해야 해요. 숫자에 가려 질문이 희미해질 수도 있으니까요. 약간의 논리를 이용해 이것저것 생각을 떠올려 보면 문제가 무엇을 말하는지 제대로 파악할 수 있어요.

어리석은 생각과 논리적인 생각의 경계선은 아주 희미해요. 이것을 운전에 비유해 볼게요. 여러 번 실수를 하던 초보 운전자도 어느 정도 시간이 지나면 운전을 잘할 수 있어요. 그간 했던 모든 실수가 경험으로 쌓여 능숙한 운전자가 되는 거예요. 이처럼 어리석은 생각도 하면 할수록 경험으로 쌓여 논리적인 생각으로 자라날 수 있답니다.

우리는 무언가를 이루기 위해 노력하는 과정에서 수많은 실수를 저질러요. 하지만 절대 풀 죽지 마세요. 우리가 목표를 이루는 데 이 실수들이 큰 도움이 될 거예요. 그동안 얼마만큼 노력을 했는지가 진정 가치 있는 것이랍니다.

멋진 사진 찍기

멜리스와 에제, 누르는 아주 친한 친구예요. 많은 친구들이 그렇듯이 이 세 친구도 함께 사진 찍는 것을 좋아해요. 함께 길을 걸을 때나 같이 카페에 갔을 때, 산이나 언덕, 들에서도 모두 사진을 찍지요. 사진 한 방만 찍어서는 멋진 사진을 건질 수 없어요. 세 친구는 멋진 사진 한 장을 위해 사진을 찍고 또 찍어요. 물론 사진 찍는 것이 끝이 아니지요. 또 몇 시간씩 찍은 사진들을 보며 잘 나온 사진을 골라요. 어떤 사진을 SNS에 올릴지 하나하나 심사를 하는 거예요.

세 친구는 하도 사진을 많이 찍어서 이제는 훌륭한 사진가라 해도 될 정도예요. 어느 날 세 친구는 사진을 보다가 어떤 사실을 깨닫고는 깜짝 놀랐어요. 무엇을 발견한 것일까요? 세 친구가 아름다운 풍경을 배경으로 찍은 사진에는 항상 여섯 가지 모습이 담겨 있었어요. 어떻게 이렇게 항상 여섯 가지 다른 모습으로 사진을 찍을 수 있었을까요? 세 친구는 신기한 마음에 이유를 알아보기로 했어요.

여기서 여섯 가지 다른 모습이라는 것은 햇빛의 각도에 따른 것도 아니고, 입술을 깨물거나 눈을 찡긋해서 달라진 것도 아니에요. 세 친구는 사진을 찍을 때 어디서든 여섯 가지 포즈를 취했어요. 우선 세 친구의 생각은 잠시 접어 두고 우리 스스로가 한번 생각해 봐요.

어떻게 세 친구는 여섯 가지 다른 포즈를 취할 수 있었을까요? 이런 질문을 받았을 때 어떻게 해야 하는지 조금 전에 이야기했지요. 말도 안 되는 질문으로 머릿속을 가득 채우는 거예요. 그리고 논리를 조금 더해 여러 가지 생각으로 가득 찬 커다란 생각 구름을 만들어 봐요.

머릿속에 떠오른 생각 구름에서 질문을 비처럼 쏟아 낼 준비가 되었나요? 그럼 시작할게요. 다시 한번 말하지만, 표정을 달리하거나 빛의 각도를 계산해 다르게 찍은 것이 아니에요. 표정을 다르게 해 찍는 사진은 수학으로도 계산할 수 없을 정도로 많거든요. 세 친구는 같은 장소에서 빛이나 표정에 관계없이 다양한 모습으로 사진을 찍었어요. 그럼 이제 세 친구의 머릿속을 한번 들여다봐요.

포즈를 어떻게 바꾸지?

다른 곳에서 찍을까?

아니, 같은 곳에서 찍어야 해.

서로 자리를 바꿔 볼까?

그래, 서로 자리를 바꾸는 게 좋겠어.

그래요, 세 친구는 서로 자리를 바꿨어요! 이제 사진의 모습이 어떻게 달라지는지 보세요.

두 번째 사진

세 번째 사진

여섯 번째 사진

    이렇게 세 명이 서로 자리를 바꿔 여섯 가지 서로 다른 사진을 찍을 수 있었어요. 세 친구는 사진을 찍을 때 자기도 모르는 사이에 수학을 이용했어요. 바꿀 수 있는 자리를 계산해 다양한 사진을 찍은 거예요. 세 사람이 자리를 바꿀 수 있는 경우는 총 여섯 가지예요. 친구들은 사진을 여섯 장 넘게 찍으면 같은 자리에 있는 사진이 다시 나온다는 것을 알았어요. 그래서 세 친구가 한 장소에서 찍은 사진은 모두 여섯 장씩만 있었던 거지요.

사진을 찍을 때도 수학을 이용하고 있다는 것은 상상도 하지 못했지요? 당신도 분명 사진 찍는 것을 좋아할 거예요. 당신도 세 친구와 함께 사진을 찍어 보면 어때요? 표정이나 입술 모양, 빛의 방향이나 각도는 생각하지 말고 자리를 바꿔 다른 사진을 찍어 보세요. 몇 가지 다른 사진을 찍을 수 있을까요?

귀찮아서 못 하겠어!

    당신은 한 텔레비전 채널에서 하는 엄청나게 유명한 퀴즈 프로그램에 참가할 수 있게 되었어요. 이 프로그램은 수학 문제를 내는데 우승하면 많은 상금을 탈 수 있어요. 참가자는 안이 보이지 않는 상자 안에서 문제를 뽑아요. 질문은 오직 참가자만 볼 수 있고 시청자들은 텔레비전 화면에서 아무것도 볼 수 없어요.

    당신은 어떤 문제가 나오는지 너무 궁금해서 이 프로그램에 지원했어요. 마침내 참가할 수 있게 되자 열심히 준비해서 프로그램에 나갔지요. 당신 차례가 와서 프로그램을 진행하는 곳으로 들어갔어요. 인사를 하고 나자 진행자가 상자 하나를 보여 주었어요. 상자 안에는 색종이들이 가득 차 있었어요. 진행자가 말했어요.

    "이 상자에서 종이 하나를 뽑아 주세요. 종이에 쓰여 있는 질문에 대답할 시간을 10분 드리겠습니다. 당신에게는 질문을 한 번 건너뛰어 새로운 질문을 뽑을 기회가 있습니다. 질문을 새로 뽑을 경우 시간은 새로 시작합니다. 준비되셨다면 시작하세요.”

“네, 준비됐습니다.”

당신의 대답과 함께 프로그램이 시작됐어요. 심장이 쿵쾅거리는 것을 느끼면서 손을 상자에 넣어 종이 한 장을 꺼냈어요.

가장 좋아하는 색이 나왔어요.

‘행운이 따를 수도 있겠는데.’

당신은 이렇게 생각하며 질문을 읽기 시작했어요. 질문은 다음과 같았어요.

“당신은 마을에서 버스를 운전하는 버스 운전기사예요. 이 마을에 있는 모든 것에는 자세한 규칙이 있어요. 버스에 승객을 태울 때도 정해진 규칙에 따라야 하지요. 다음 페이지에 있는 마을 지도에서 번호가 매겨져 있는 곳은 승객들이 타고 내리는 정류장이에요. 버스를 운전하는 모든 기사들은 각 정류장에서 승객을 태우고 내리는 규칙을 알고 있어요. 시간을 낭비하지 않기 위해 규칙을 정한 거지요. 우선 홀수 정류장부터 정차한 후, 그다음 짝수 정류장에 정차해요. 모든 정류장을 도는 데는 40분이 걸리고, 첫 버스는 아침 7시에 홀수 정류장에서 출발해요…….”

이게 무슨 말이죠? 규칙, 규칙, 규칙……. 도대체 무엇을 물어보

는 건가요? 으악! 당신은 이 문제를 풀지 못할 것 같았어요. 이런 문제를 어떻게 10분 만에 풀겠어요? 아무도 못 풀 거예요.

'괜히 시간을 버릴 수는 없어. 이 문제는 포기하고 다른 문제로 가야겠다.'

당신은 이렇게 생각하며 문제를 끝까지 읽지도 않고 포기했어요. 그러고는 새로운 문제를 뽑았지요. 이번 문제는 이러했어요.

"당신은 머리보다 조금 높은 거대한 미로의 문 앞에 서 있습니다. 미로에 관해 당신이 알고 있는 것은 아무것도 없어요. 다른 방법이 없으니 당신은 그냥 걷기 시작했습니다. 우선 앞으로 세 걸음, 오른쪽으로 다섯 걸음 걸었어요. 그다음 뒤로 두 걸음을 걷고 왼쪽으로 돌아 네 걸음을 걸었지요. 그러고는 다시 왼쪽으로 돌아서 세 걸음을 걸었어요. 그리고 오른쪽으로 돌아 다섯 걸음을 걷고 뒤로 돌아 조금 걸어가니 문 앞에 도달했어요. 이 미로의 높이는 얼마나 될까요?"

'이게 무슨 문제야? 내 인내심을 시험하는 건가?'

도저히 못 하겠어요. 이 문제를 어떻게 풀어요? 이해조차 안 되는데요! 미로에서 걸을 때 왜 높이를 알아야 하죠? 어느 쪽으로 돌아섰고 몇 걸음을 걸었는지는 또 뭐예요? 다시 한번 읽어야 할까요? 시간도 부족한데. 후, 안 읽을래요. 이젠 정말 귀찮아요. 이 프로그램도, 상금도, 수학도 그냥 다 포기할래요! 그냥 이 도시나 구경하고 가야겠어요. 그래도 이 프로그램에 참가하기 위해 먼 데서 왔으니까요.

이제 그만해야겠다는 생각이 들자 당신 안에서 뜨거운 기운이 점점 퍼져 나와 뺨에 번지기 시작했어요. 거울을 보지 않아도 얼굴이 붉어졌다는 것을 알 수 있었지요.

"답을 못 찾겠어요."

당신은 이렇게 말하고 포기했어요. 안타깝게도 꿈꿨던 상금은 모두 다 날아갔지요.

당신은 왜 포기했나요?

"문제가 너무 어려웠어요. 게다가 난 어렸을 때부터 수학을 잘 못했다고요. 이 문제도 전혀 이해가 되질 않아요."

이런 말은 제발 하지 마세요. 당신은 그저 귀찮아서 포기한 거예요. 이렇게 간단한 문제를 말이에요.

"뭐가 간단하다는 거예요! 정류장의 숫자들과 복잡한 규칙들을 봤잖아요? 그리고 미로에서 몇 걸음을 걷는다는 둥 어느 쪽으로 간다는 둥 도무지 뭐가 뭔지 모르겠어요. 미로의 높이를 알기 위해 왜 미로를 돌아다녀야 하죠?"

왜 이렇게 화가 났나요? 조금 진정하세요. 그래요, 당신 말이 맞아요. 물론 미로의 높이를 알기 위해 미로를 돌아다닐 필요는 없어요. 이제 내 말을 들어 봐요.

첫 번째 문제의 질문이 무엇이었나요? 당신이 읽지 않은 마지막 문장은 이러했어요.

"운전기사의 나이는 몇 살인가요?"

문제를 끝까지 읽지 않았으니 질문이 무엇이었는지도 못 봤을 거예요. 당신이 꼭 알아야 할 것이 있어요. 문제를 읽을 때는 어려워 보이더라도 꾹 참고 주의를 기울여 끝까지 읽어야 해요. 아니면 자기도 모르는 사이에 놓치는 부분이 생길 테니까요. 이 프로그램에 참가하기 위해 그렇게 많은 노력을 기울여 놓고는 문제를 끝까지 제대로 읽지도 않다니요!

당신은 첫 번째 질문을 끝까지 읽지도 않고 "난 이 문제 못 풀어. 아, 수학은 정말 어려워." 하며 포기했어요. 사실 이 문제는 수학 문제라고 보기는 어려워요. 이 문제가 얼마나 간단한지 당신은 믿지 못할 거예요. 첫 번째 문제의 첫 문장에는 "당신은 마을에서 버스를 운전하는 버스 운전기사예요."라는 말이 있었어요. 그래요, 운전기사는 바로 당신이에요! 수많은 규칙이 나왔지만 정작 문제의 질문을 보세요.

"운전기사의 나이는 몇 살인가요?"

설마 당신의 나이를 모르진 않겠지요? 어때요? 많이 놀랐지요? 이렇게 간단한 문제였다니, 당황한 모습이 눈에 선하네요.

당신은 두 번째 문제에서도 같은 실수를 저질렀어요. 문제를 제대로 읽지 않은 거지요.

"당신은 머리보다 조금 높은 거대한 미로의 문 앞에 서 있습니다."

문제의 시작 부분을 보세요. 당신의 키를 안다면 미로의 높이를 금방 추측할 수 있겠네요.

어떤 문제이건 간에 문제를 잘 이해하기 위해서는 인내심을 가지고 주의를 기울이는 것이 매우 중요해요. 귀찮다고 대충 넘겨 버리면 문제를 풀기는 더 어려워질 테니까요.

"나는 문제를 끝까지 잘 읽었어요. 이 질문의 함정에 빠지지도 않았고요."

이렇게 말하는 사람이 있다면 정말 잘한 거예요. 이마에 뽀뽀를 해 주고 싶을 정도로요. 당신 자신을 마음껏 자랑스러워해도 돼요.

아무튼 제대로 문제를 읽지 않으면 어떻게 되는지 봤지요? 수학의 가장 큰 적은 '부주의'이며, 부주의의 원인은 '게으름'이에요. 당신은 게으름 때문에 문제를 끝까지 읽지 않았고, 결국 문제를 이해하지 못해 풀 수 없었어요. 이러한 사건들이 당신의 머릿속 한구석에서 '수학에 대한 안 좋은 기억'으로 쌓였어요. 이렇게 쌓인 수학에 대한 안 좋은 기억이 있다면 지우개로 모두 지워 버려요. 문제를 풀 때 끝까지 포기하지 말고 질문을 이해하기 위해 노력하세요. 머릿속에서 질문이 명확해질 때까지 씨름해 보는 거예요. 어떠한 문제든 논리적으로 생각하기 위해서는 그 질문을 아주 잘 이해해야 하니까요.

당신은 엄청나게 커다란 생각 구름을 만들었어요. 이 생각 구름을 무엇으로 채울 건가요? 만약 이 생각 구름을 채울 재료가 부족하다면, 한 번 더 문제를 읽고 끝까지 생각해 보세요. 문제를 이해하고 약간의 논리까지 더한다면 생각보다 많은 문제를 풀 수 있답니다.

무엇보다 중요한 것은 문제를 잘 읽는 거예요. 일단 문제를 이해하면 문제를 풀기 위한 재료는 다 가진 것이나 다름없어요.

게임을 해 봐요!

다트 게임을 모르는 사람은 없을 거예요. 과녁에 화살을 던져 맞힌 점수로 승패를 겨루는 게임이에요. 화살이 과녁 가운데 맞을수록 점수가 높아져요. 과녁 한가운데를 명중시키면 가장 높은 점수를 얻고요.

음, 과녁이 없으면 이 게임을 할 수 없을까요? 물론 없어도 할 수 있어요. 옆 페이지에 있는 과녁 그림을 보면서 머릿속으로 화살을 던지는 상상을 해 보세요. 이제 눈을 감고 손을 과녁 그림이 있는 페이지 위에 들어요. 너무 그림 가까이에서 시작하는 것은 안 돼요! 화살을 던지는 것처럼 집게손가락을 위에서 아래로 움직여 과녁으로 향해요. 손가락 말고 다른 것으로 해도 괜찮아요. 지우개 같은 것을 던져도 되고요. 화살을 던진

다음 눈을 뜨고 어느 부분에 맞았는지 확인해 보세요. 이 과정을 세 번 반복해요. 그런 다음 과녁을 보며 몇 점을 얻었는지 계산해 봐요.

빨간색	노란색	파란색	바깥쪽
8점	4점	2점	0점

점수를 계산했나요? "네!" 하고 대답하는 소리가 들리는 것 같네요. 물론 잘 계산했을 거예요. 의심하지는 않을게요. 그런데 다른 상황도 한번 생각해 봐요. 당신은 친구 한 명과 다트 게임을 했어요. 둘 다 화살을 세 번씩 던졌고 점수를 계산했지요. 친구가 말했어요.

"내 점수는 22점이야."

친구의 점수에 대해 어떻게 생각하나요? 뭔가 이상한 점이 있나요? 곰곰이 한번 생각해 보세요. 뭔가가 떠오르면 언제든지 말해 줘요.

깜짝 선물이에요!
게임을 하나 더 해 봐요.

새로운 게임은 두 명이서 하는 거예요. 이 게임의 규칙은 다음과 같아요.

게임을 하는 사람은 자신의 차례가 오면 점 하나나 2개, 또는 3개를 잇는 선을 그려요. 먼저 모든 점을 지나는 선을 그려 상대방이 이을 점을 남기지 않는 사람이 이기는 거예요. 자신의 차례에 이을 점이 없으면 거미를 만나게 돼요.

이 게임에서 이기려면 점들을 잇는 선을 마지막으로 그리기 위해 전략적으로 생각해야 해요. 나중에 더 설명하겠지만, 그전에 먼저 아래 있는 그림을 가지고 여러 방법으로 게임을 해봐요. 혹시 게임을 같이할 사람이 없다면 혼자서 상대편 몫까지 해 봐도 좋아요.

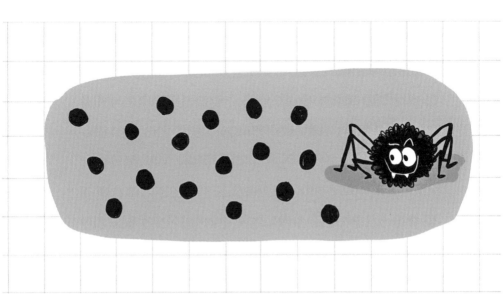

게임을 해 봐요!

게임의 예를 한번 들어 볼게요. 아래 그림에서 검은색과 빨간색 선은 게임을 하는 사람이 번갈아 가며 그린 선이에요.

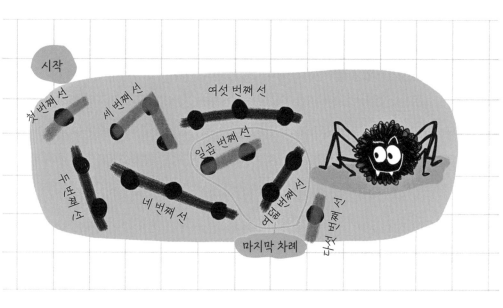

게임을 하는 두 사람은 자기 차례에 점 하나나 2개, 또는 3개를 잇는 선을 그리며 게임을 이어 가요. 마지막에 검은색 선을 사용한 사람이 두 점을 잇는 선을 그려 이겼어요. 빨간색 선을 사용한 사람은 거미와 마주하게 되었고요. 여기서 한 가지 중요한 점이 있어요. 빨간색 선을 사용한 사람은 일곱 번째 선을 그릴 때 점 3개를 이었다 하더라도 게임에서 이기지 못했을 거예요. 여전히 점 하나가 남으니까요.

이 게임에서 마지막 두 번의 선을 어떻게 그어야 할지 조금 더 생각해 봐요.

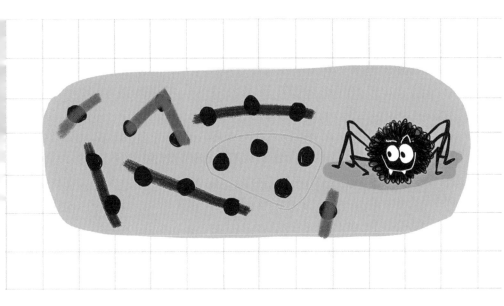

이 게임은 집에서 엄마와 아빠, 친구와도 쉽게 할 수 있어요. 점 대신에 집에서 쉽게 구할 수 있는 콩으로 해도 돼요. 콩 여러 개를 점처럼 흩어 놓고 서로 번갈아 가며 콩 하나나 2개, 3개를 가져가는 거지요. 이 역시 맨 마지막에 콩을 가져가는 사람이 이겨요. 콩 대신 구슬이나 작은 돌멩이로 해도 좋아요.

이제 이 게임의 비밀을 알려 줄게요. 이 비밀을 알고 나면 이 제부터 여러분은 이 게임에서 항상 이길 수 있어요. 같이 게임을 하는 사람이 아마 깜짝 놀랄걸요.

간단한 수학 규칙만 알면 게임에서 이길 수 있어요.

일단 게임을 시작하기 전에 게임에서 사용할 점의 수를 세어야 해요. 점이 15개라고 가정해 보죠. 점 15개를 4개씩 짝지어진 묶음으로 나누고 얼마가 남는지 찾아보세요. 그러니까 점이 15개면 4+4+4+3이 돼요. 4개씩 짝지어진 묶음이 3개 나오고 3이 남는 거지요.

당신이 첫 번째 차례로 게임을 시작한다면 점 3개를 잇는 선을 그으며 시작하세요. 그러면 4개씩 짝지어진 묶음만 남게 돼요. 그런 다음 상대방이 몇 개의 점에 선을 긋든 간에 4를 채우는 점에만 선을 긋는 거예요. 상대방이 점 1개를 이었다면 당신은 점 3개를 이으면 돼요. 상대방이 점 2개를 이었다면 당신은 점 2개를 이으면 되고요. 상대방이 점 3개를 이었다면 당신은 점 1개를 이으면 돼요. 상대방과 당신이 한 번씩 이은 점의 합이 4가 되면 돼요. 이렇게 하면 상대방이 질 수밖에 없어요. 게임 규칙으로 점 3개까지 이을 수 있으니 어떻게 하든 점 하나가 남거든요. 그 점을 당신이 사용하면 되는 거예요. 이런 식으로 하면 당신은 이 게임에서 언제든 상대방을 이길 수 있어요.

짧게 말하자면 상대방의 차례가 오기 전에 4개의 점을 다 사용하면 돼요. 앞 페이지의 그림을 다시 한번 볼까요? 그림에는 점이 총 17개 있어요. 이 점들을 재빨리 4개씩 짝지어 묶어 봐요. 4+4+4+4+1이 되네요. 여기서는 빨간색 선을 사용하는 사람이 점 하나를 이어 시작했어요. 출발이 좋군요! 그런데 두 번째 차례에서 검은색 선이 점 2개를 잇자, 빨간색 선은 점 3개를 이었어요. 실수했네요! 빨간색 선을 사용하는 사람은 점 3개가 아니라 점 2개를 이어야 했어요. 그래야 두 사람이 한 번씩 사용한 점의 합이 4가 되니까요. 그래서 결국 빨간색 선을 사용한 사람이 지고 말았군요.

마지막으로 한 가지 해 줄 말이 있어요. 이 작전 말고도 여러분이 직접 작전을 짜서 게임에 적용해 볼 수도 있어요. 모든 문제는 해결 방법이 하나가 아니에요. 수학 문제도 마찬가지고요. 절대 하나의 방법으로만 문제를 풀려고 하지 마세요.

지금까지 우리는 아주 재미있게 게임을 했어요. 첫 번째 게임에서는 어떻게 하면 화살을 잘 던질 수 있을까 생각하며 게임을 했고, 화살을 잘 던져서 높은 점수를 얻자 무척 신이 났어요. 두 번째 게임에서도 어떻게 하면 선을 잘 그어서 이길 수 있을까 생각하며 두근두근한 마음으로 점들을 잇는 선을 그었겠지요. 게다가 언제든 이길 수 있는 방법까지 알게 되자 더욱 신이 났을 거예요.

우리 모두 이 게임이 수학과 관련이 있다고는 생각하지 않았을 거예요. 이 게임을 하기 전에 '난 수학을 정말 못하니까 이 게임도 못할 거야!'라고 생각한 사람이 있나요? 아니면 '난 수학을 정말 잘하니까. 선도 잘 그을 수 있어. 이 점들이 뭐라고? 누구도 날 이길 수 없어!'라고 생각한 사람은요? 아마 이렇게 생각한 사람은 아무도 없을 거예요. 그냥 '재미있겠다. 이 게임 내가 꼭 이겨야지.'라고 생각하며 게임을 했겠지요.

이처럼 우리가 재미로 하는 행동에도 수학적 연산이 숨어 있어요. 우리는 어떤 일을 할 때 계산이 필요하다면 아무렇지도 않게 바로 계산을 해요. 다트 게임에서 점수를 계산하는 것처럼요. 이때 사용하는 것이 수학적 연산이라고는 전혀 생각도 못하지요. 앞에서 본 것처럼 재미있는 게임을 하거나 궁금한 것을 알고자 할 때, 몇 년 동안 건들지도 않았던 수학을 얼마나 능숙하게 쓰는지 봤을 거예요. 아무도 우리에게 수학을 쓰라고 하지 않았는데도요. 과연 누가 다트 점수를 계산할 때나 선을 긋는 게임을 할 때 지루한 수학 수업을 듣고 있다고 생각할까요?

이처럼 재미와 호기심은 무엇을 배우는 데 있어 매우 중요한 요소예요. 특히 수학에서는 더 그렇지요. 우리는 자신이 궁금해하는 주제에 더 관심을 가져요. 그리고 궁금한 것에 대해 배우는 것은 전혀 지루하지 않지요. 이렇게 배운 지식은 쉽게 잊히지 않고, 이것을 우리 생활에 적용하기도 훨씬 쉬울 거예요.

호기심이 많다면 배우는 것이 매우 즐거워요. 그리고 우리가 배운 모든 지식은 우리 삶을 더욱 행복하게 해 준답니다.

호기심은 수천 번의 수업보다 우리에게 더 많은 것을 가르쳐 줘요. 배우는 데에도 즐기는 데에도 호기심은 아주 중요하답니다.

앞으로도 손잡고 갈 수학…

기원후 몇 년인지 모를 어느 날이었어요.

닐이 잠에서 깼을 때 강렬한 햇살에 눈이 부셔 눈을 뜰 수가 없었어요. 닐은 먼저 시계를 보았어요. 닐이 옷을 입는 데는 7분, 머리를 손질하고 화장을 하는 데는 12분, 엘리베이터가 올라오는 데는 3분, 엘리베이터를 타고 내려가는 데는 3분이 걸려요. 총 25분이면 준비하기에 충분할 것 같아요. 닐이 시계를 봤을 때 시간이 30분 정도 있었어요. 한 5분은 떠오르는 태양을 바라볼 수 있겠네요.

닐은 매일매일 세상에서 가장 훌륭한 건축가가 되는 상상을 하며 하루를 시작했어요. 매일 5분은 유리창 너머로 떠오르는 태양을 보며 시간을 보냈지요. 이렇게 태양이 뜨는 모습을 볼 수 있다는 것이 고층 빌딩 20층에 사는 가장 좋은 점이에요. 닐은 저 멀리 벌거

벗은 언덕을 바라보았어요. 닐의 꿈은 저 언덕을 자신이 설계한 건물들로 채우는 거예요. 땅을 단단히 다지고 아주 정밀하게 계산해서 눈부신 건축물을 지을 거예요. 사람들은 오랫동안 닐이 지은 신비로운 건물 이야기를 할 테고, 건축 책에도 그녀가 지은 건물이 등장하겠지요.

닐은 떠오르는 태양을 볼 때면 마음이 굉장히 상쾌해져요. 그때 갑자기 닐의 머릿속에서 전구가 반짝하고 켜졌어요. 몇 달 동안 고민하던 문제가 5분이라는 짧은 시간 안에 풀렸어요. 닐의 마음속에 기분 좋은 설렘이 파도처럼 번져 나갔어요. 닐은 미소를 지었어요.

"파스칼의 삼각형……. 그래, 파스칼의 삼각형이야."

닐은 고등학교 때부터 수학 시간에 파스칼의 삼각형을 가장 좋아했어요. 참 신비로운 삼각형이에요. 파스칼의 삼각형은 맨 위 1에서 시작해 양쪽 끝 모두 1로 내려와요. 그리고 양쪽 끝 1을 제외한 숫자들은 위에 있는 두 숫자를 더한 숫자들로 이루어져 있지요. 이 신비한 숫자의 삼각형은 이런 식으로 끝도 없이 계속 이어져요.

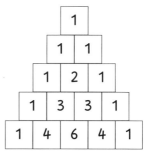

그날 닐은 인생에서 중대한 결정을 했어요. 저 언덕에 파스칼의 삼각형처럼 건물을 지을 거예요!

　각 숫자는 건물의 층수를 나타내요. 파스칼의 삼각형 안 숫자대로 건물 층수를 올리면 건물들이 서로 시야를 가리지 않아요. 어느 집에서든 태양을 볼 수 있고, 전망도 모두 괜찮을 거예요.

모든 것이 닐이 원하는 대로 진행되었어요. 닐은 바라던 곳에 건물을 지었고, 곧 모든 사람들이 닐이 지은 건물에 대해 얘기했어요. 닐의 건물은 예상보다 훨씬 더 많은 인기를 끌었어요. 세계 여러 곳에서 닐이 지은 건물을 훌륭한 예로 소개했지요. 닐은 파스칼의 삼각형 덕분에 꿈꾸던 것을 현실로 만들 수 있었어요. 이제 닐은 성공을 거둔 유명한 건축가가 되었어요. 소원이라는 것에 끝이 있을까요? 닐은 바라던 것을 이루자 곧 또 다른 일이 하고 싶어졌어요. 닐은 바쁜 생활에서 벗어나기 위해 취미 생활을 시작하기로 했어요.

닐이 취미로 하고 싶은 것은 목공예나 뜨개질 같은 것이 아니었어요. 닐은 자기에게 맞는 취미가 당구라고 생각했어요. “네가 당구를 한다고? 당구는 너한테 맞지 않아.” 사람들이 이렇게 말했지만 닐은 신경 쓰지 않았어요.

닐은 일주일에 한 번씩 당구를 치기 시작했어요. 닐이 처음 당구를 쳤을 때 그녀의 실력은 정말 끔찍했어요. 두 번째에도 세 번째에도 닐의 당구 실력은 그다지 나아지지 않았지요. 닐이 포기했을까요? 아니요, 닐은 포기하지 않았어요. 닐은 자신이 무엇을 잘못했는지 고민하고 자신의 모든 동작들을 관찰해 봤어요.

닐은 계속 반복해서 공을 쳐 보고 공을 칠 때마다 일어날 수 있는 모든 가능성을 계산해 봤어요. 그리 오래 걸리지 않았어요. 몇 달

후, 닐은 마치 재미있는 놀이를 하듯 당구를 굉장히 잘 치게 되었어요. 공을 치기 전에 닐은 어떤 공을 칠지 잘 살펴보고 조심스럽게 계획을 세웠어요. 우선 눈대중으로 당구대 위에서 공이 움직일 각도를 계산한 다음 공을 치는 거지요. 그리고 결과는 완벽했어요.

닐은 자신이 바라던 대로 당구를 잘 칠 수 있게 되었어요. 원하는 것을 상상하는 것은 멋진 일이에요. 무엇이든 머릿속에 떠올리기만 하면 되니 또 얼마나 쉽나요? 하지만 머릿속에서 상상한 것을 실제로 만들어 내기는 굉장히 어려워요. 머릿속에서 그린 그림을 실제 영화로 만들기는 무척 어려운 것처럼요. 꿈을 현실로 만들기 위해서는 이룰 수 있다는 믿음을 가지고 꾸준히 노력해야 해요. 거기에다 약간의 수학까지 더한다면 꿈을 더욱 쉽게 이룰 수 있답니다.

아주 오래전 살았던 마미와 우리 시대에 사는 닐 모두 이루고 싶은 꿈이 있었어요. 그 꿈은 서로 달랐지만, 두 사람 모두 꿈을 현실로 만들기 위해 노력했어요. 그리고 결국 꿈을 이루었지요.

두 사람 모두 꿈을 이루기 위해 수학을 사용했어요. 아주 오래전 마미가 먼저 수학을 사용했고, 한참 뒤에 닐 역시 수학을 사용했지요. 마미는 최초의 사람들을 상징해요. 닐은 오늘날의 사람들을 상징하고요. 둘 다 숫자를 사용했고 둘 다 본능적으로 각도를 계산했어요. 둘 다 어떠한 결정을 내릴 때는 수학을 바탕으로 생각했지요. 자신은 몰랐을 수도 있지만 두 사람이 성공적으로 꿈을 이룰 수 있었던 것은 수학을 사용해 논리적으로 생각했기 때문이에요.

수학은 꼭 필요해요. 수학은 우리가 어떤 일을 할 때 마구잡이로 하지 않고 상황에 맞게 차근차근 해결해 나갈 수 있는 힘을 키워 줘요.

아주 오랫동안 우리 마음속에 자리 잡고 있는 질문 하나가 있어요.

"수학을 왜 배워야 하지?"

이제 여러분은 이 질문의 답을 가지고 있을 거예요!

잊지 마세요! 수학은 어디에나 있어요. 우리 머릿속에도 있지요. 우리 머릿속의 수학으로 놀라운 결과물을 만들어 낼 수 있답니다.

직접 만들어 보는 점자판

점 0개로 만드는 기호:

점을 하나도 칠하지 않은 기호 하나를 만들 수 있어요.

점 1개로 만드는 기호:

점 하나를 칠해 서로 다른 기호 6개를 만들 수 있어요.

점 2개로 만드는 기호:

점 2개를 칠해 서로 다른 기호 15개를 만들 수 있어요.

점 3개로 만드는 기호:

점 3개를 칠해 서로 다른 기호 20개를 만들 수 있어요.

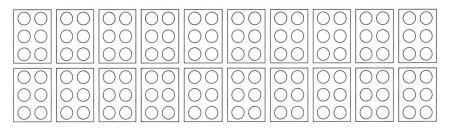

점 4개로 만드는 기호:

점 4개를 칠해 서로 다른 기호 15개를 만들 수 있어요.

점 5개로 만드는 기호:

점 5개를 칠해 서로 다른 기호 6개를 만들 수 있어요.

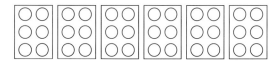

점 6개로 만드는 기호:

점 6개를 칠해 기호 하나를 만들 수 있어요.

정답

20쪽

질문: 4000원을 만들기 위한 방법은 여러 가지가 있어요. 4000원은 껌 20개로 낼 수도 있고, 껌 17개와 캐러멜 6개, 껌 18개와 캐러멜 4개, 껌 15개와 막대 사탕 2개로도 낼 수 있어요. 이 방법 말고 다른 방법도 분명히 있을 거예요. 여러분도 한번 방법을 찾아보세요. (껌은 24개, 캐러멜은 7개, 막대 사탕은 2개가 있다는 것을 잊지 마세요.)

정답:

4000원: 껌 19개 + 캐러멜 2개

4000원: 껌 18개 + 캐러멜 4개

4000원: 껌 17개 + 캐러멜 6개

4000원: 껌 17개 + 막대 사탕 1개 + 캐러멜 1개

4000원: 껌 16개 + 막대 사탕 1개 + 캐러멜 3개

4000원: 껌 15개 + 막대 사탕 2개

149쪽

질문: 당신도 분명 사진 찍는 것을 좋아할 거예요. 당신도 세 친구

와 함께 사진을 찍어 보면 어때요? 표정이나 입술 모양, 빛의 방향이나 각도는 생각하지 말고 자리를 바꿔 다른 사진을 찍어 보세요. 몇 가지 다른 사진을 찍을 수 있을까요?

정답: 당신까지 모두 네 명이 사진을 찍어요. 네 명에서 자리를 바꿔 가며 포즈를 취할 경우 24가지 서로 다른 사진을 찍을 수 있어요. 어떻게 찍을까요?

우선 당신부터 서세요. 계속 그 자리에 서 있으면, 당신 옆에서 세 친구가 여섯 가지 방법으로 자리를 바꾸며 포즈를 취할 거예요.

이제 멜리스가 첫 번째 자리에 서요. 멜리스가 그 자리에 가만히 있고, 당신과 누르, 에제 세 명에서 여섯 가지 방법으로 자리를 바꾸며 포즈를 취해요.

이제 누르가 첫 번째 자리에 서요. 그리고 당신과 멜리스, 에제가 여섯 가지 방법으로 자리를 바꾸며 포즈를 취해요.

마지막으로 에제가 첫 번째 자리에 서요. 그리고 나머지 세 명이 여섯 가지 방법으로 자리를 바꾸며 포즈를 취해요.

그렇다면 6+6+6+6=24가지의 서로 다른 사진을 찍을 수 있어요.

160쪽

질문: 당신은 친구 한 명과 다트 게임을 했어요. 둘 다 화살을 세 번

씩 던졌고 점수를 계산했지요. 친구가 말했어요. "내 점수는 22점이야." 친구의 점수에 대해 어떻게 생각하나요? 뭔가 이상한 점이 있나요?

정답: 친구의 점수는 잘못되었어요. 화살을 세 번 던져서 얻은 점수의 합이 22점이 될 수는 없어요. 세 번 연속으로 8점을 맞혔다면 8+8+8=24점이 돼요. 두 번은 8점을 맞히고 한 번은 4점을 맞혔다면 8+8+4=20점이 되고요. 다른 모든 경우를 살펴봐도 마찬가지예요. 총 점수가 20점이 안 될 가능성은 있지만, 22점을 얻을 수 있는 상황은 없어요.

생각을 바꾸는 수학 수다

1판 1쇄 발행 2023년 1월 10일

지음 | 수메이라 규젤
그림 | 곡체 야바쉬 외날
옮김 | 김호
펴낸이 | 박철준
편집 | 안지혜, 정미리
디자인 | 채홍디자인

펴낸곳 | 찰리북
출판등록 | 2008년 7월 23일(제313-2008-115호)
주소 | 서울시 마포구 동교로18길 33, 201(서교동, 그린홈)
전화 | 02)325-6743 | 팩스 02)324-6743
전자우편 | charliebook@gmail.com
인스타그램 | instagram.com/charliebook_insta

ISBN 979-11-6452-053-4 73410